乔长君 等编著

电工技能

DIANGONG JINENG

QUANTUJIE

全图解

化学工业出版社

·北京·

图书在版编目（CIP）数据

电工技能全图解/乔长君等编著. —北京：化学
工业出版社，2016.1
ISBN 978-7-122-25593-8

Ⅰ.①电… Ⅱ.①乔… Ⅲ.①电工技术-图解
Ⅳ.①TM-64

中国版本图书馆 CIP 数据核字（2015）第 261830 号

责任编辑：高墨荣　　　　　　　　　文字编辑：孙凤英
责任校对：陈　静　　　　　　　　　装帧设计：刘丽华

出版发行：化学工业出版社（北京市东城区青年湖南街 13 号　邮政编码 100011）
印　　装：北京云浩印刷有限责任公司
850mm×1168mm　1/32　印张 7½　字数 208 千字
2016 年 2 月北京第 1 版第 1 次印刷

购书咨询：010-64518888（传真：010-64519686）　售后服务：010-64518899
网　　址：http://www.cip.com.cn
凡购买本书，如有缺损质量问题，本社销售中心负责调换。

定　　价：28.00 元　　　　　　　　　　　　　　　版权所有　违者必究

前言

随着科学技术的不断进步，电气化程度正在日益提高，各行各业从事电气工作的人员也在迅速增加，电工的工作任务决定了其以实践性为主的工作属性，电工初学者只有不断加强操作技能的学习与训练，才能在实践中练就过硬的本领，迅速提高自己的技能水平。怎样把书本上的知识应用于生产实践，把眼花缭乱的图形符号变为手中的一招一式，是每个初学者经常遇到的难题。为了满足电工技能人员的学习需求，我们特编写了本书。

本书以大量的实际操作图配合深入浅出的语言，介绍了电工基本知识和基本技能，使读者一看就懂，一读就通。在编写过程中，重点突出图解的形式，力求图文并茂、文字简明，使广大读者在轻松的阅读中迅速掌握维修电工技术，提高技能水平。

本书分电工基本知识与技能、常用电器元件、电动机的安装与维修、电动机控制电路、电缆敷设、室内配线、家庭用电设备的安装、电能的测量共 8 章，包括电工识图知识、常用工具仪表、常用低压电器的维修、电子元件的检测、三相异步电动机的安装、三相异步电动机的维修、常用控制电路、三相异步电动机控制电路的安装、三相异步电动机控制电路的维修、电缆直埋敷设、电缆桥架敷设、电缆保护管敷设、室内电缆明敷设、低压电缆头制作、绝缘子（瓷瓶）线路安装、钢管明配线、护套线配线、钢索配线、塑料线槽的明配线、导线连接、照明故障与处理、照明安装、家庭用电设备安装、电能的测量共 24 个方面内容。涵盖了电工维修工作的方方面面。

本书列举的图形真实可靠,既体现实用性、典型性,又有新技术的融合,不仅可供电工和工程技术人员阅读,也可用于职业院校学生学习参考,尤其适用于电工初学者入门。

本书由乔长君等编著,参加本书编写的还有双喜、刘海河、罗利伟、乔正阳、杨春林、孙泽剑、马军、朱家敏、于蕾、武振忠、杨滨宇等人,在此一并表示感谢。

由于编者水平有限,不足之处在所难免,敬请读者批评指正。

编著者

目录

第6章 室内配线 137

第7章 家庭用电设备的安装 179

第8章　电能的测量　　213

第1章

⚡ 电工基本知识与技能

1.1 电工识图知识

1.1.1 常用电气符号

（1）常用电气图形符号

常用电气图形符号见表 1-1。

表 1-1　常用电气图形符号

名称	新图形符号	旧图形符号	说明	个别图例
电阻			电阻器的一般符号	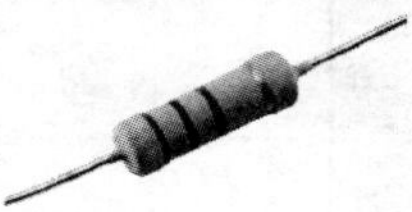 固定电阻 
		 或 	可变电阻器	可变电阻
			可调电阻器	
	U	U	压敏电阻器变阻器 注:U 可以用 V 代替	压敏电阻

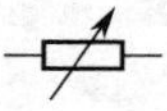

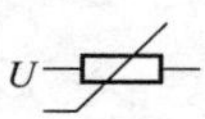

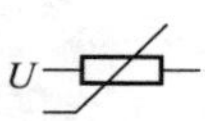

名称	新图形符号	旧图形符号	说明	个别图例
电阻	θ		热敏电阻 注:θ 可用 $t°$ 代替	热敏电阻
			滑动触头电位器	
电容			电容器一般符号如果必须分辨同一电容器的电极时,弧形的极板表示 1. 在固定的纸介质和陶瓷介质电容器中表示外电极 2. 在可调和可变的电容器中表示动片电极 3. 在穿心电容器中表示低位电极	固定电容器 可调电容器
			极性电容器	
			可变电容器	
			可调电容器	

续表

名称	新图形符号	旧图形符号	说明	个别图例
电感			电感器 线圈 绕组 扼流圈	
			带磁芯的电感器	
			磁芯有间隙的电感器	
			带磁芯连续可调的电感器	
			有两个抽头的电感器 1. 可增减抽头数目 2. 抽头可在外侧两半圆交点处引出	
半导体二极管			半导体二极管一般符号	
			发光二极管一般符号	
			利用温度效应的二极管 注:θ 可用 $t°$ 代替	
			用作电容性器件的二极管（变容二极管）	
			隧道二极管	
			单向击穿二极管 电压调整二极管 江崎二极管 稳压管	

名称	新图形符号	旧图形符号	说明	个别图例
晶闸管			三极晶体闸流管 当没有必要规定门极的类型时,这个符号用于表示反向阻断三极晶体闸流管	单向晶闸管
			反向阻断三极晶体闸流管,P门极(阴极侧受控)	双向晶闸管
			可关断三极晶体闸流管	
			双向三极体闸流管 三端双向晶体闸流管	
三极管			PNP型半导体管	
			NPN型半导体管	
			NPN型雪崩半导体管	
			具有P型基极单结型半导体管	插件三极管
			具有N型基极单结型半导体管	
			N型沟道结型场效应半导体管 注:栅极与源极的引线应绘在一条直线上	

名称	新图形符号	旧图形符号	说明	个别图例
三极管			P型沟道结型场效应半导体管	
			增强型、单栅、P型沟道和衬底无引出线的绝缘栅场效应半导体管	贴片三极管
			增强型、单栅、N型沟道和衬底无引出线的绝缘栅场效应半导体管	
电机	G	F	直流发电机	
	G	F	直流电动机	
	M	D	交流发电机	
	M	D	交流电动机	
	SM	SD	交流伺服电动机	
	SM	SD	直流伺服电动机	
	TG	CSF	交流测速发电机	
	TG	CSF	直流测速发电机	

名称	新图形符号	旧图形符号	说明	个别图例
电池及变流器			原电池或蓄电池 长线代表阳极,短线代表阴极,为了强调短线可画粗些	
			蓄电池组或原电池组	蓄电池
			带抽头的原电池组或蓄电池组	
			直流变流器	
			整流器	桥式全波整流器
			桥式全波整流器	
			逆变器	
			整流器/逆变器	

続表

名称	新图形符号	旧图形符号	说明	个别图例
变压器			双绕组变压器 瞬时电压的极性可以用形式2表示 示例:示出瞬时电压极性标记的双绕组变压器流入绕组标记端的瞬时电流产生辅助磁通	 变压器
			三绕组变压器	 电流互感器
			自耦变压器	
			电抗器、扼流圈	
			电流互感器	 电压互感器
			脉冲变压器	
			电压互感器	

名称	新图形符号	旧图形符号	说明	个别图例
熔断器	▭	▭	熔断器	熔断器 熔断器式隔离开关
			刀开关熔断器	
			跌开式熔断器	
			隔离开关熔断器	
指示仪表	Ⓥ	Ⓥ	电压表	电压表 电流表 电能表
	$\overset{A}{I\sin\varphi}$		无功电流表	
	P_{max}^{W}		最大需量指示器（由一台积算仪表操纵的）	
	var		无功功率表	
	$\cos\varphi$		功率因数表	
	φ		相位表	
	Hz		频率表	
	↑		检流计	
	n	↑	转速表	

名称	新图形符号	旧图形符号	说明	个别图例
灯和信号	⊗	⊗	灯的一般符号	灯 指示灯
			闪光型信号灯	
			电喇叭	
			电铃	
			蜂鸣器	
单极开关			手动开关的一般符号	
	常开 常闭	常开 常闭	按钮	
			拉拔开关(不闭锁)	
			旋钮开关、旋转开关(闭锁)	
位置开关		或	位置开关、动合触头	
			限制开关、动合触头	
		或	位置开关、动断触头	
			限制开关、动断触头	
			对两个独立电路作双向接线操作的位置或限制开关	

名称	新图形符号	旧图形符号	说明	个别图例
开关装置和控制装置		或	单极开关一般符号	
		或	多极开关一般符号单线表示	
		或	多线表示	刀开关
			接触器(在非动作位置触头断开)	
			具有自动施放的接触器	断路器
			接触器(在非动作位置触头闭合)	
		高压 或	断路器	万能转换开关
			隔离开关	
			具有中间断开位置的双向隔离开关	
			负荷开关(负荷隔离开关)	
			具有自动释放的负荷开关	

名称	新图形符号	旧图形符号	说明	个别图例
时间继电器			当操作器件被吸合时延时闭合的动合触头	
			当操作器件被释放时延时断开的动合触头	
			当操作器件被释放时延时闭合的动合触头	
			当操作器件被吸合时延时断开的动合触头	
			吸合时延时闭合和释放时断开的动合触头	空气阻尼式
			由一个不延时的动合触头、一个吸合时延时断开的动合触头和一个释放时延时断开的动合触头组成的触头组	电子式
			继电器的线圈	
			缓慢释放（缓放）继电器的线圈	
			缓慢吸合（缓吸）继电器的线圈	
			缓吸或缓放继电器的线圈	
			交流继电器的线圈	
			极化继电器的线圈	

名称	新图形符号	旧图形符号	说明	个别图例
热装置			热继电器的驱动元件	
	或		三相电路中三极热继电器的驱动器件	
	或	或	三相电路中两极热继电器的驱动元件	
			热继电器、动断触头	
		或	热敏开关、动合触头 注:θ可用动作温度代替	
			热敏自动开关,动断触头 注:注意区别此触头和热继电器的触头	
交流接触器		或 或	动合(常开)触头	
		或 或	动断(常闭)触头	
		或 或	先断后合的转换触头	
		或	中间断开的双向触头	
			先合后断的转换触头(桥接)	

名称	新图形符号	旧图形符号	说明	个别图例
速度继电器			动合（常开）触头	
			动断（常闭）触头	

（2）常用电气文字符号

常用电气文字符号见表1-2。

表 1-2 常用电气文字符号

名　称	新符号		旧符号
	单字母	多字母	
电机类			
发电机	G		F
直流发电机	G	GD(C)	ZLF,ZF
交流发电机	G	GA(C)	JLF,JF
异步发电机	G	GA	YF
同步发电机	G	GS:	TF
测速发电机		TG	CSF,CF
电动机	M		D
交流电动机	M	MA(C)	JLD,JD
异步电动机	M	MA	YD
同步电动机	M	MS	TD
笼型异步电动机	M	MC	LD
绕线异步电动机	M	MW(R)	
绕组(线圈)	W		Q
电枢绕组	W	WA	SQ
定子绕组	W	WS	DQ
变压器	T		B
控制变压器	T	TS(T)	KB
照明变压器	T	TI(N)	ZB
互感器	T		H
电压互感器	T	YV(或PT)	YH
电流互感器		TA(或CT)	LH
开关、控制器			
开关	Q,S		K
刀开关	Q	QK	DK

名　称	新符号		旧符号
	单字母	多字母	
转换开关	S	SC(O)	HK
负荷开关	Q	QS(F)	
熔断器式刀开关	Q	QF(S)	DK,RD
断路器	Q	QF	ZK,DL,GD
隔离开关	Q		GK
控开关	S	QS	KK
限位开关	S	SA	ZDK,ZK
行程开关	S	SQ	JK
按钮	S	ST	AN
启动按钮	S	SB	QA
停止按钮	S	SB(T)	TA
控制按钮	S	SB(P)	KA
操作按钮	SQ	S	C
控制器	Q	QM	LK
主令控制器			
接触器、继电器和保护接触器		KM	C
交流接触器	K	KM(A)	JLC,JC
直流接触器	K	KM(D)	ZLC,ZC
启动接触器	K	KM(S)	QC
制动接触器	K	KM(B)	ZDC,ZC
联锁接触器	K	KM(I)	LSC,LC
启动器	K		Q
电磁启动器	K	KME	CQ
继电器	K	KV	J
电压继电器	K	B(C)	YJ
电流继电器	K	KA(KI)	A
过电流继电器	K	KOC	LJ
时间继电器	K	KT	GLJ,GJ
温度继电器	K	KT(E)	WJ
热继电器	K	KR(FR)	RJ
速度继电器	K(F)	KS(P)	SDJ,SJ
联锁继电器	K	KI(N)	LSJ,LJ
中间继电器	K	KA	ZJ
熔断器	F	FU	RD
电子元器件类			

名　　　称	新符号		旧符号
	单字母	多字母	
二极管	V	VD	D,Z,ZP BG,Tr
三极管,晶体管	V	VT	SCR,KP
晶闸管	V	VT(H)	WY(G),DW
稳压二极管	V	VS	
发光二极管	V	VL(E)	ZL
整流器	U	UR	R
电阻器	R	RH	
变阻器	R		W
电位器	R	RP	BP,PR
频敏变阻器	R	RF	
热敏变阻器	R	RT	
电容器	C		C
电流表	A		A
电压表	V		V
电气操作的机构器件类			
电磁铁	Y	YA	DT
起重电磁铁	Y	YA(L)	QT
制动电磁铁	Y	YA(B)	ZT
电磁离合器	Y	YC	CLB
电磁吸盘	Y	YH	
电磁制动器	Y	YB	
其他			
插头	X	XP	CT
插座	X	XS	CZ
信号灯,指示灯	H	HL	ZSD,XD
照明灯	E	EL	ZD
电铃	H	HA	DL
电喇叭	H	HA	FM,LB,JD
蜂鸣器	X	XT	JX,JZ
红色信号灯	H	HLR	HD
绿色信号灯	H	HLG	LD
黄色信号灯	H	HLY	UD
白色信号灯	H	HLW	BD
蓝色信号灯	H	HLB	AD

1.1.2 控制电路的查线读图法

以接触器联锁控制正反转启动电路说明看图要点与步骤（见图1-1）。

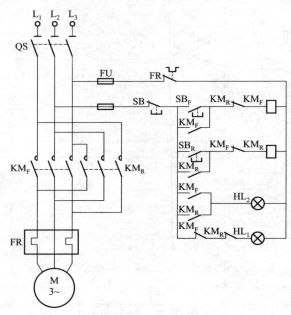

图 1-1 接触器联锁控制正反转启动电路

（1）看主电路的步骤

① 看清主电路中的用电设备

用电设备指消耗电能的用电器具或电气设备，如电动机、电弧炉等。读图首先要看清楚有几个用电设备，它们的类别、用途、接线方式及一些不同要求等。

a. 类别：有交流电动机（异步电动机、同步电动机）、直流电动机等。一般生产机械中所用的电动机以交流笼型异步电动机为主。

b. 用途：有的电动机是带动油泵或水泵的，有的电动机是带动塔轮再传到机械上，如传动脱谷机、碾米机、铡草机等。

c. 接线方式：有的电动机是 Y（星形）接线或 YY（双星形）接线，有的电动机是△（三角形）接线，有的电动机是 Y-△（星三角形）即 Y 启动、△运行接线。

d. 运行要求：有的电动机要求始终一个速度，有的电动机则要求具有两种速度（低速和高速），还有的电动机是多速运转的，也有的电动机有几种顺向转速和一种反向转运（顺向做功、反向走空车）等。

对启动方式、正反转、调速及制动的要求，各台电动机之间是否相互有制约的关系，还可通过控制电路来分析。

图 1-1 是一台双向运转的笼型异步电动机。

② 要弄清楚用电设备是用什么电气元件控制的

控制电气设备的方法很多，有的直接用开关控制，有的用各种启动器控制，有的用接触器或继电器控制。图 1-1 中的电动机是用接触器控制的。通过接触器来改变电动机电源的相序，从而达到改变电动机转向的目的。

③ 了解主电路中所用的控制电器及保护电器

前者是指除常规接触器以外的其他电器元件，如电源开关（转换开关及断路器）、万能转换开关等。后者是指短路保护器件及过载保护器件，如断路器中电磁脱扣器及热过载脱扣器的规格；熔断器、热继电器及过电流继电器等器件的用途及规格。一般对主电路作如上分析后，即可分析辅助电路。

图 1-1 中，主电路由隔离开关 QS、接触器 KM_F 和 KM_R、热继电器 FR 组成，分别对电动机 M 起过载保护和短路保护作用。

④ 看电源

要了解电源电压等级，是 380V 还是 220V，是从母线汇流排供电还是配电屏供电，还是从发电机组接出来的。

（2）看辅助电路的步骤

辅助电路包含控制电路、信号电路和照明电路。

分析控制电路时可根据主电路中各电动机和执行电器的控制要求，逐一找出控制电路中的控制环节。用前面讲的基本电气控制电路知识，将控制电路"化整为零"，按功能不同划分成若干个局部控制电路来进行分析。如控制电路较复杂，则可先排除照明、显示等与控制关系不密切的电路，以便集中精力分析控制电路。控制电路一定要分析透彻。

① 看电源

首先看清电源是交流的还是直流的，其次要看清辅助电路的电源是从什么地方接来的及其电压等级。一般从主电路的两条相线上接来，其电压为单相 380V；也有从主电路的一条相线和零线上接来，其电压为单相 220V；此外，也可以从专用隔离电源变压器接来，其电压有 127V、110V、36V、6.3V 等。变压器的一端应接地，各二次绕组的一端也应接在一起并接地。辅助电路为直流时，直流电源可从整流器、发电机组或放大器上接来，其电压一般为 24V、12V、6V、4.5V、3V 等。辅助电路中一切电气元件的线圈额定电压必须与辅助电路电源电压一致，否则电压低时电气元件不动作；电压高时，则会把电气元件线圈烧坏。图 1-1 中，辅助电路的电源是从主电路的两条相线上接来，电压为单相 380V。

② 了解控制电路中所采用的各种继电器、接触器的用途

如采用了一些特殊结构的继电器，还应了解它们的动作原理。只有这样，才能理解它们在电路中如何动作和具有何种用途。

③ 根据控制电路来研究主电路的动作情况

控制电路总是按动作顺序画在两条水平线或两条垂直线之间的。因此，也就可从左到右或从上到下来分析。对复杂的辅助电路，在电路中整个辅助电路构成一条大支路，这条大支路又分成几条独立的小支路，每条小支路控制一个用电器或一个动作。当某条小支路形成闭合回路有电流流过时，在支路中的电气元件（接触器或继电器）则动作，把用电设备接入或切除电源。对控制电路的分析必须随时结合主电路的动作要求来进行，只有全面了解主电路对控制电路的要求以后，才能真正掌握控制电路的动作原理，不可孤立地看待各部分的动作原理，而应注意各个动作之间是否有互相制约的关系，如电动机正、反转之间应设有联锁等。在图 1-1 中，控制电路有两条支路，即接触器 KM_F 和 KM_R 支路，其动作过程如下：

a. 合上电源开关 QS，主电路和辅助电路均有电压，当按下启动按钮 SB_F 时，电源经停止按钮 SB→启动按钮 SB_F→接触器 KM_F 线圈→热继电器 FR→形成回路，接触器 KM_F 吸合并自锁，其在主电路中的主触点 KM_F 闭合，使电动机 M 通电，正转运行。

b. 如果要使电动机反转，先按下停止按钮 SB，再按下启动按钮 SB_R。这时电源经停止按钮 SB→启动按钮 SB_R→接触器 KM_R 线

圈→热继电器 FR→形成回路，接触器 KM$_R$ 吸合并自锁，其在主电路中的主触点 KM$_R$ 闭合，使电动机反转运行。

c. 只要按下停止按钮 SB，整个控制电路失电，电动机停转。

④ 研究电气元件之间的相互关系

电路中的一切电气元件都不是孤立存在的，而是相互联系、相互制约的。这种互相控制的关系有时表现在一条支路中，有时表现在几条支路中。图 1-1 中接触器 KM$_F$、KM$_R$ 之间存在电气联锁关系，读图时一定要看清这些关系，才能更好理解整个电路的控制原理。

⑤ 研究其他电气设备和电气元件

对于如整流设备、照明灯等电气设备和电气元件，只要知道它们的电路走向、电路的来龙去脉就行了。图 1-1 中 HL$_1$、HL$_2$ 是开停车指示灯，停车时 HL$_1$ 亮，开车时 HL$_2$ 亮。

（3）查线看读法的要点

① 分析主电路

从主电路入手，根据各电动机和执行电器的控制要求去分析各电动机和执行电器的控制内容。

② 分析控制电路

根据主电路中各电动机和执行电器的控制要求，逐一找出控制电路中的控制环节，将控制电路"化整为零"，按功能不同划分成若干个局部控制电路来进行分析。如果电路较复杂，则可先排除照明、显示等与控制关系不密切的电路，以便集中精力进行分析。

③ 分析信号、显示电路与照明电路

控制电路中执行元件的工作状态显示、电源显示、参数测定、故障报警以及照明电路等部分，很多是由控制电路中的元件来控制的，因此还要回过头来对照控制电路进行分析。

④ 分析联锁与保护环节

生产机械对于安全性、可靠性有很高的要求，实现这些要求，除了合理地选择拖动、控制方式以外，在控制电路中还设置了一系列电气保护和必要的电气联锁。在电气控制电路图的分析过程中，电气联锁与电气保护环节是一个重要内容，不能遗漏。

⑤ 分析特殊控制环节

在某些控制电路中，还设置了一些与主电路、控制电路关系不密切、相对独立的某些特殊环节，如产品计数装置、自动检测系统、晶闸管触发电路、自动计温装置等。这些环节往往自成一个小系统，其看图分析的方法可参照上述分析过程，并灵活运用所掌握的电子技术、变流技术、自控系统、检测与转换等知识逐一分析。

⑥ 总体检查

经过"化整为零"，逐步分析每一局部电路的工作原理以及各部分之间的控制关系后，还必须用"集零为整"的方法，检查整个控制电路是否有遗漏。特别要从整体角度进一步检查和理解各控制环节之间的联系，以达到清楚地理解电路图中每一个电气元件的作用、工作过程及主要参数。

1.2 常用工具仪表

1.2.1 常用工具

（1）低压验电器

低压验电器又称试电笔，有氖泡笔式、氖泡改锥式和感应（电子）笔式等，其外形如图 1-2 所示。

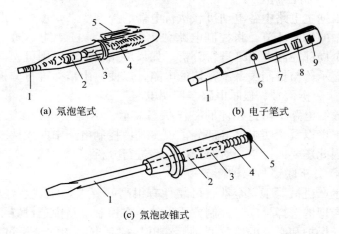

(a) 氖泡笔式　　(b) 电子笔式

(c) 氖泡改锥式

图 1-2　常用低压验电器

1—触电极；2—电阻；3—氖泡；4—弹簧；5—手触极；
6—指示灯；7—显示屏；8—断点测试键；9—验电测试键

低压验电器的正确握法如图 1-3 所示，使用时应注意手指不要靠近触电极，以免通过触电极与带电体接触造成触电。

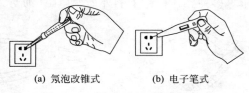

(a) 氖泡改锥式　　　　(b) 电子笔式

图 1-3　低压验电器的使用

在使用低压验电器时还要注意检验电路的电压等级，只有在500V 以下的电路中才可以使用低压验电器。

（2）螺丝刀

螺丝刀又称改锥、起子，是一种旋紧或松开螺钉的工具，如图 1-4 所示。螺丝刀按照头部形状可分为一字形和十字形两种，其使用方法如图 1-5 所示。使用时应注意选用合适的规格，以小代大，可能造成螺丝刀刃口扭曲；以大代小，可能损坏电气元件。

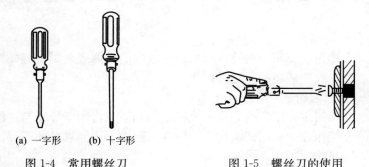

(a) 一字形　　(b) 十字形

图 1-4　常用螺丝刀　　　　　图 1-5　螺丝刀的使用

螺丝刀使用注意事项如下：

a. 电工不可使用金属杆直通柄顶的螺丝刀，否则造成触电事故。

b. 使用螺丝刀紧固或拆卸带电的螺钉时，手不得触及螺丝刀的金属杆，以免发生触电事故。

c. 为了避免螺丝刀的金属杆触及皮肤或临近带电体，应在金属杆上穿套绝缘管。

（3）钳子

钳子可分为钢丝钳（克丝钳）、尖嘴钳、圆嘴钳、斜嘴钳（偏口钳）、剥线钳等多种。几种钳子的外形如图 1-6 所示。

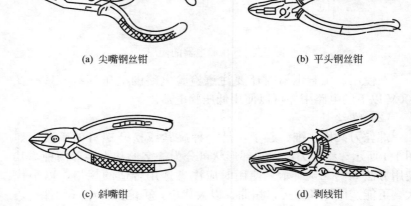

(a) 尖嘴钢丝钳

(b) 平头钢丝钳

(c) 斜嘴钳

(d) 剥线钳

图 1-6　钳子

① 尖嘴钳

尖嘴钳主要用于夹持或弯折较小较细的元件或金属丝等，特别较适用于狭窄区域的作业。

② 圆嘴钳

圆嘴钳主要用于将导线弯成标准的圆环，常用于导线与接线螺钉的连接作业中。用圆嘴钳不同的部位可做出不同直径的圆环。

③ 钢丝钳

钢丝钳可用于夹持或弯折薄片形、圆柱形金属件及切断金属丝。对于较粗较硬的金属丝，可用其轧口切断。使用钢丝钳（包括其他钳子）不要用力过猛，否则有可能将其手柄压断。

④ 斜嘴钳

斜嘴钳主要用于切断较细的导线，特别适用于清除接线后多余的线头和飞刺等。

⑤ 剥线钳

剥线钳是剥离较细绝缘导线绝缘外皮的专用工具，一般适用于线径在 0.6～2.2mm 的塑料导线和橡皮绝缘导线，如图 1-7 所示。剥线钳的主要优点是不伤导线、切口整齐、方便快捷。使用时应注意选择其铡口大小与被剥导线线径相当，若小则会损伤导线。

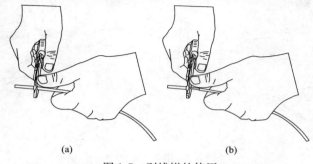

(a)　　　　　　　　　　　(b)

图 1-7　剥线钳的使用

（4）电工刀

电工刀是用来剖削电线外皮和切割电工器材的常用工具，其外形如图 1-8 所示。

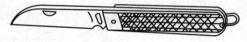

图 1-8　常用电工刀

使用电工刀进行绝缘剖削时，刀口应朝外，以 45°倾斜切入，如图 1-9 所示，以 15°推削，用毕应立即把刀身折入刀柄内。

电工刀使用注意事项如下：

a. 使用电工刀时应注意避免伤手，不得传递未折进刀柄的电工刀。

b. 电工刀用毕，随时将刀身折进刀柄。

c. 电工刀刀柄无绝缘保护，不能带电作业，以免触电。

（5）扳手

扳手又称扳子，分活扳手和死扳手（呆扳手或死扳手）两大类。死扳手又分单头扳手、双头扳手、梅花（眼镜）扳手、内六角扳手、外六角扳手多种，如图 1-10 所示。

使用活扳手旋动较小螺栓时，应用拇指推紧扳手的调节蜗轮，适当用力转动扳手，防止用力过猛，如图 1-11 所示。

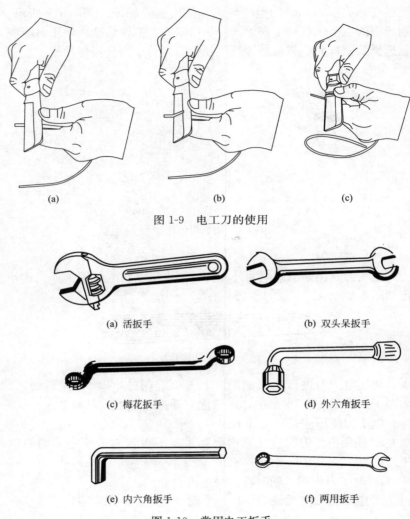

(a)   (b)   (c)

图 1-9　电工刀的使用

(a) 活扳手　　　　　　　　　(b) 双头呆扳手

(c) 梅花扳手　　　　　　　　(d) 外六角扳手

(e) 内六角扳手　　　　　　　(f) 两用扳手

图 1-10　常用电工扳手

　　使用死扳手最应注意的是扳手口径应与被旋螺母（或螺杆等）的规格尺寸一致。对于外六角扳手旋动螺母等，小则不能用，大则容易损坏螺母的棱角，使螺母变圆而无法使用；对于内六角扳手，刚好与外六角扳手相反。

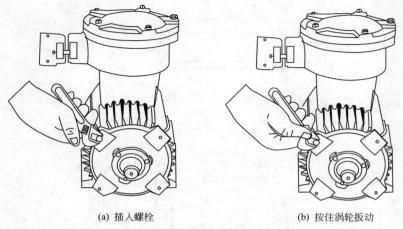

(a) 插入螺栓　　　　　　　　(b) 按住涡轮扳动

图 1-11　活扳手的使用

（6）手锯

手锯由锯弓和锯条两部分组成。通常锯条规格为 300mm，其他还有 200mm、250mm 两种。锯条的锯齿有粗细之分，目前使用的齿距有 0.8mm、1.0mm、1.4mm、1.8mm 等几种。齿距小的细齿锯条适用于加工硬材料和小尺寸工件以及薄壁钢管等。

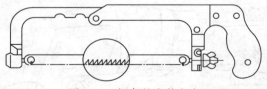

图 1-12　锯条的安装方向

手锯是在向前推进时进行切削的。为此，锯条安装时必须使锯齿朝前，如图 1-12 所示。装好的锯条应与锯弓保持在同一中心平面内，绷紧程度要适中。过紧时会因极小的倾斜或受阻而绷断，过松时锯条产生弯曲也易折断。手锯的正确握法如图 1-13 所示。

（7）电锤

电锤由电动机、齿轮减速器、曲柄连杆冲击机构、转钎机构、过载保护装置、电源开关及电源装置等组成，如图 1-14 所示。利用冲击电钻安装胀锚螺栓（即膨胀螺栓）的步骤如图 1-15 所示。

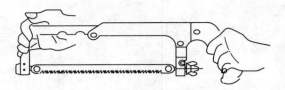

图 1-13　手锯的握法

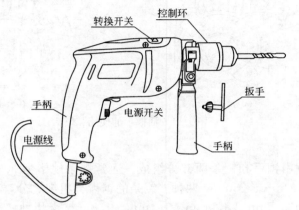

图 1-14　齿形电锤结构

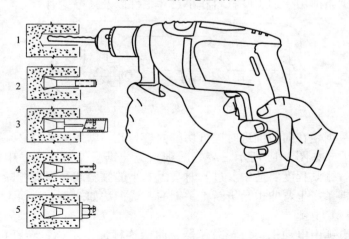

图 1-15　利用冲击电钻安装胀锚螺栓
1—打孔；2—清理灰渣；3—放入螺栓；
4—套管胀开；5—设备就位后紧固螺栓

电锤使用注意事项如下：

a. 电锤是冲击类工具，工作过程中振动较大，负载较重。因此，使用前应检查各连接部位紧固可靠性后才能操作作业。

b. 电锤在凿孔前，必须探查凿孔的作业处内部是否有钢筋，在确认无钢筋后才能凿孔，以避免电锤的硬质合金刀片在凿孔中冲撞钢筋而崩裂刃口。

c. 电锤在凿孔时应将电锤钻顶住作业面后再启动操作，以避免电锤空打而影响使用寿命。

d. 电锤向下凿孔时，只要双手分别握住手柄和辅助手柄，利用其自重进给，不需施加轴向压力；向其他方向凿孔时，只需施加50～100N 轴向压力即可（如果用力过大，对凿孔速度、电锤及电锤钻的使用寿命反而不利）。

e. 电锤凿孔时，电锤应垂直于作业面，不允许电锤钻在孔内左右摆动，以免影响成孔的尺寸和损坏电锤钻。在凿孔时，应注意电锤钻的排屑情况，要及时将电锤钻退出。反复掘进，切不要猛进，以防止出屑困难而造成电锤钻发热磨损和降低凿孔效率。

f. 对成孔深度有要求的凿孔作业，可以使用定位杆来控制凿孔深度。

g. 用电锤来进行开槽作业时，应将电锤调节在只冲不转的位置，或将六方钻杆的电锤调换成圆柱直柄电锤钻。操作中应尽量避免当作工具扳撬。如果要扳撬时，则不应用力过猛。

h. 电锤装上扩孔钻进行扩孔作业时，应将电锤调节在只转不冲的位置，然后才能进行扩孔作业。

i. 电锤在凿孔时，尤其在由下向上和向侧面凿孔时必须戴防护眼镜和防尘面罩。

j. 电锤是运用电锤钻的高速冲击与旋转的复合运动来实现凿孔的。活塞转套和活塞之间摩擦面大，配合间隙小，如果没有供给足够的润滑油则会产生高温和磨损，将严重影响电锤的使用寿命和性能，所以电锤每工作 4h，至少加油一次。

1.2.2 常用电工仪表

（1）钳形电流表

钳形电流表利用电磁感应原理制成，主要用来测量电流，有的还具有万用表相同的功能。钳形电流表外形如图 1-16 所示。

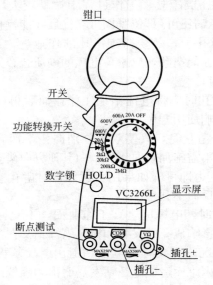

图 1-16　钳形电流表

电流测量方法：打开钳口，将被测导线置于钳口中心位置，合上钳口即可读出被测导线的电流值，如图 1-17 所示。测量较小电流时，可把被测导线在钳口多绕几匝，这时实际电流应除以缠绕匝数。

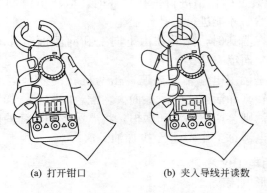

(a) 打开钳口　　　　　　(b) 夹入导线并读数

图 1-17　钳形电流表使用方法

（2）万用表

万用表可用来测量直流电流、直流电压、交流电流、交流电压和直流电阻，有的还可用来测量电容、二极管通断等。数字式万用表外形如图 1-18 所示。黑表笔接－（COM）线柱，测量 V·Ω 时红表笔接＋线柱，测量电流时红表笔接 10mA 或 10A 线柱。测量中应首先选择测量种类，然后选择量程。如果不能估计测量范围，应先从最大量程开始，直至误差最小，以免烧坏仪表。利用万用表测量交流电压的方法如图 1-19 所示。

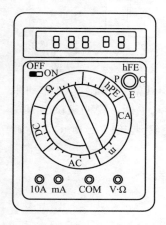
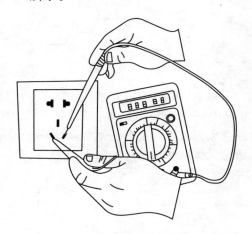

图 1-18　数字式万用表　　　　图 1-19　用万用表测量交流电压

万用表使用注意事项如下：

① 测量电流时，万用表应串联在电路中；测量电压、电阻时，万用表应并联在电路中；指针式万用表测量电阻每换一挡，必须校零一次。

② 测量完毕，应关闭或将转换开关置于电压最高挡。

（3）兆欧表

兆欧表俗称摇表，又称绝缘电阻表。兆欧表主要用于测量绝缘电阻。兆欧表有手动和电动两种，其中手动兆欧表外形如图 1-20 所示。

测量护套线相间绝缘电阻的方法：将 L、E 两表笔短接，缓慢摇动发电机手柄，指针应指在"0"位置。

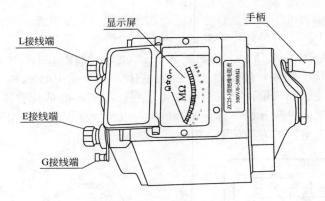

L接线端　　　显示屏　　　　　手柄

E接线端

G接线端

图 1-20　兆欧表外形

　　将 L、E 两表笔分别接护套线的两相线芯，由慢到快摇动手柄。若指针指零位不动，就不要再继续摇动手柄，说明被试品有短路现象。若指针上升，则摇动手柄到额定转速（120r/min），指针稳定后读取测量值，如图 1-21 所示。

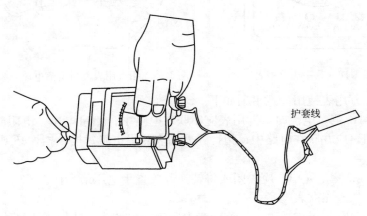

护套线

图 1-21　兆欧表的使用

　　兆欧表使用注意事项如下：

　　a. 在测量电缆导线芯线对缆壳的绝缘电阻时，应将缆芯之间的内层绝缘物接 G（保护环），以消除因表面漏电而引起的误差。

b. 测量前必须切断被试品的电源，并接地短路放电，不允许用兆欧表测量带电设备的绝缘电阻，以防发生人身事故和设备事故。

c. 测量完毕，需待兆欧表的指针停止摆动且被试品放电后方可拆除，以免损坏仪表或发生触电。

d. 使用兆欧表时，应放在平稳的地方，避免剧烈振动或翻转。

e. 按被试品的电压等级选择测试电压挡。

第**2**章

⚡ 常用电器元件

2.1 常用低压电器的维修

2.1.1 熔断器的维修

（1）熔断器的检测

使用万用表检测熔断器，将万用表的两个表笔分别搭在熔断器的两端后，查看万用表的显示，如图 2-1 所示。如果测得的阻值为零，说明熔断器正常；如果阻值不为零，说明熔断器已熔断。

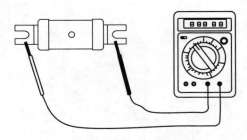

图 2-1　熔断器的检测

（2）熔断器的维护

① 熔断器的巡视检查

a. 检查熔断器的实际负载大小，是否与熔体的额定值相匹配。

b. 检查熔断器外观有无损伤、变形和开裂现象，瓷绝缘部分有无破损或闪络放电痕迹。

c. 检查熔断管接触是否紧密，有无过热现象。

d. 检查熔体有无氧化、腐蚀或损伤，必要时应及时更换。

e. 检查熔断器的熔体与触刀及触刀与刀座接触是否良好，导电部分有无熔焊、烧损。

f. 检查熔断器的环境温度是否与被保护设备的环境温度一致，以免相差过大使熔断器发生误动作。

g. 检查熔断器的底座有无松动现象。

h. 应及时清理熔断器上的灰尘和污垢，且应在停电后进行。

i. 对于带有熔断指示器的熔断器，还应检查指示器是否保持正常工作状态。

② 熔断器运行维护中的注意事项

a. 熔体烧断后，应先查明原因，排除故障。分清熔断器是在过载电流下熔断，还是在分断极限电流下熔断。一般在过载电流下熔断时响声不大，熔体仅在一两处熔断，且管壁没有大量熔体蒸发物附着和烧焦现象；而在分断极限电流熔断时与上面情况相反。

b. 更换熔体时，必须选用原规格的熔体，不得用其他规格熔体代替，也不能用多根熔体代替一根较大熔体，更不准用细铜丝或铁丝来替代，以免发生重大事故。

c. 更换熔体（或熔管）时，一定要先切断电源，将开关断开，不要带电操作，以免触电，尤其不得在负荷未断开时带电更换熔体，以免电弧烧伤。

d. 熔断器的插入和拔出应使用绝缘手套等防护工具，不准用手直接操作或使用不适当的工具，以免发生危险。

e. 更换无填料密闭管式熔断器熔片时，应先查明熔片规格，并清理管内壁污垢后再安装新熔片，且要拧紧两头端盖。

f. 更换瓷插式熔断器熔丝时，熔丝应沿螺钉顺时针方向弯曲一圈，压在垫圈下拧紧，力度应适当。

g. 更换熔体前，应先清除接触面上的污垢，再装上熔体。不得使熔体发生机械损伤，以免因熔体截面变小而发生误动作。

h. 运行中如有两相断相，更换熔断器时应同时更换三相。因为没有熔断的那相熔断器实际上已经受到损伤，若不及时更换，很快也会断相。

（3）熔断器的常见故障及其排除方法

熔断器的常见故障及其排除方法见表 2-1。

表 2-1　熔断器的常见故障及其排除方法

故障现象	可能原因	排除方法
电动机启动瞬间熔断器熔体熔断	①熔体规格选择过小 ②被保护的电路短路或接地 ③安装熔体时有机械损伤 ④有一相电源发生断路	①更换合适的熔体 ②检查电路，找出故障点并排除 ③更换新的熔体 ④检查熔断器及被保护电路，找出断路点并排除
熔体未熔断，但电路不通	①熔体或连接线接触不良 ②紧固螺钉松脱	①旋紧熔体或将连接线接牢 ②找出松动处将螺钉旋紧
熔断器过热	①接线螺钉松动，导线接触不良 ②接线螺钉锈死，压不紧线 ③触刀或刀座生锈，接触不良 ④熔体规格太小，负荷过重 ⑤环境温度过高	①拧紧螺钉 ②更换螺钉、垫圈 ③清除锈蚀 ④更换合适的熔体或熔断器 ⑤改善环境条件
瓷绝缘件破损	①产品质量不合格 ②外力破坏 ③操作时用力过猛 ④过热引起	①停电更换 ②停电更换 ③停电更换，注意操作手法 ④查明原因，排除故障

2.1.2　接触器的维修

（1）接触器的检测

① 线圈的检测

将万用表拨在电阻挡，两表笔分别搭在线圈的两接线端子（左侧的两个）上，如图 2-2 所示。读数在 1.7kΩ 左右为正常，过低说明线圈短路，过高说明线圈断路。

② 通断的检测

先将万用表拨在电阻挡，将两表笔分别搭在接触器一对触点的接线端子上，测量动合触点应断开、动断触点应闭合。按下接触器上的触点按键，使接触器处于闭合状态后，再将两表笔分别搭在接

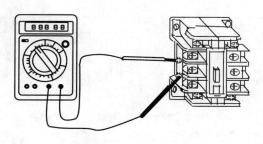

图 2-2　接触器的检测

触器一对触点的接线端子上，测量动合触点应闭合、动断触点应断开。

（2）接触器的使用与维护

a. 应定期检查接触器外观是否完好，绝缘部件有无破损、脏污现象。

b. 定期检查接触器螺钉是否松动，可动部分是否灵活可靠。

c. 检查灭弧罩有无松动、破损现象。灭弧罩往往较脆，拆装时注意不要碰坏。

d. 检查主触点、辅助触点及各连接点有无过热、烧蚀现象，发现问题及时修复。当触点磨损到 1/3 时，应更换。

e. 检查铁芯极面有无变形、松开现象，交流接触器的短路环是否破裂，直流接触器的铁芯非磁性垫片是否完好。

（3）接触器的常见故障及其排除方法

接触器的常见故障及其排除方法见表 2-2。

表 2-2　接触器的常见故障及其排除方法

常见故障	可能原因	排除方法
通电后不能闭合	①线圈断线或烧毁 ②动铁芯或机械部分卡住 ③转轴生锈或歪斜 ④操作回路电源容量不足 ⑤弹簧压力过大	①修理或更换线圈 ②调整零件位置，消除卡住现象 ③除锈并加润滑油，或更换零件 ④增加电源容量 ⑤调整弹簧压力
通电后动铁芯不能完全吸合	①电源电压过低 ②触点弹簧和释放弹簧压力过大 ③触点超程过大	①调整电源电压 ②更换弹簧或调整弹簧压力 ③调整触点超程

常见故障	可能原因	排除方法
电磁铁噪声过大或发生振动	①电源电压过低 ②弹簧压力过大 ③铁芯极面有污垢或磨损过度而不平 ④短路环断裂 ⑤铁芯夹紧螺栓松动,铁芯歪斜或机械卡住	①调整电源电压 ②调整弹簧压力 ③清除污垢、修整极面或更换铁芯 ④更换短路环 ⑤拧紧螺栓＋排除机械故障
接触器动作缓慢	①动、静铁芯间的间隙过大 ②弹簧的压力过大 ③线圈电压不足 ④安装位置不正确	①调整机械部分,减小、间隙 ②调整弹簧压力 ③调整线圈电压 ④重新安装
断电后接触器不释放	①触点弹簧压力过小 ②动铁芯或机械部分被卡住 ③铁芯剩磁过大 ④触点熔焊在一起 ⑤铁芯极面有油污或尘埃	①调整弹簧压力或更换弹簧 ②调整零件位置,消除卡住现象 ③退磁或更换铁芯 ④修理或更换触点 ⑤清理铁芯极面
线圈过热或烧毁	①弹簧的压力过大 ②线圈额定电压、频率或通电持续率等与使用条件不符 ③操作频率过高 ④线圈匝间短路 ⑤运动部分卡住 ⑥环境温度过高 ⑦空气潮湿或含腐蚀性气体 ⑧交流铁芯极面不平	①调整弹簧压力 ②更换线圈 ③更换接触器 ④更换线圈 ⑤排除卡住现象 ⑥改变安装位置或采取降温措施 ⑦采取防潮、防腐蚀措施 ⑧清除极面或调换铁芯
触点过热或灼伤	①触点弹簧压力过小 ②触点表面有油污或表面高低不平 ③触点的超行程过小 ④触点的断开能力不够 ⑤环境温度过高或散热性能不好	①调整弹簧压力 ②清理触点表面 ③调整超行程或更换触点 ④更换接触器 ⑤接触器降低容量使用
触点熔焊在一起	①触点弹簧压力过小 ②触点断开能力不够 ③触点开断次数过多 ④触点表面有金属颗粒突起或异物 ⑤负载侧短路	①调整弹簧压力 ②更换接触器 ③更换触点 ④清理触点表面 ⑤排除短路故障,更换触点

常见故障	可能原因	排除方法
相间短路	①可逆转的接触器联锁不可靠，致使两个接触器同时投入运行而造成相间短路	①检查电气联锁与机械联锁
	②接触器动作过快，发生电弧短路	②更换动作时间较长的接触器
	③尘埃或油污使绝缘变坏	③经常清理，保持清洁
	④零件损坏	④更换损坏零件

2.1.3 断路器的维修

（1）低压断路器的检测

① 通断的检测

先将万用表拨在电阻挡，使断路器处于断开位置，将两表笔分别搭在断路器一对触点的接线端子上，测量动合触点应断开、动断触点应闭合。再将断路器处于闭合位置，再将两表笔分别搭在断路器一对触点的接线端子上，测量动合触点应闭合、动断触点应断开。

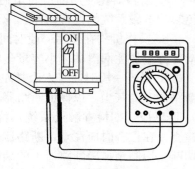

② 短（断）路的检测

将万用表拨在电阻挡，两表笔分别搭在两相接线端子上，如图 2-3 所示。如果万用表读数为

图 2-3 断路器的检测

零，说明断路器内部相间短路；如果读数不为零，说明断路器正常。

（2）低压断路器的使用和维修

① 低压断路器的运行检查

a. 检查负载电流是否在额定范围内。

b. 检查断路器的信号指示是否正确。

c. 检查断路器与母线或出线的连接处有无过热现象。

d. 检查断路器的过载脱扣器的整定值是否与规定值相符。过电流脱扣器的整定值一经调好后不许随意变动，而且长期使用后应检查其弹簧是否生锈卡死，以免影响其动作。

e. 应定期检查各种脱扣器的动作值，有延时者还应检查延时情况。

f. 注意监听断路器在运行中的声响，细心辨别有无异常现象。

g. 应检查断路器的安装是否牢固，有无松动现象。

h. 对于有金属外壳接地的断路器，应检查接地是否完好。

i. 对于万能式断路器，还应检查有无破裂现象、电磁机构是否正常等。

j. 对于塑料外壳式断路器，要注意检查外壳和部件有无裂损现象。

k. 断路器长期未用而再次投入使用时，要仔细检查。

② 低压断路器的维护

a. 断路器在使用前应将电磁铁工作面上的防锈油脂抹净，以免影响电磁系统的正常动作。

b. 操作机构在使用一段时间后（一般为1/4机械寿命），在传动部分应加注润滑油（小容量塑料外壳式断路器不需要）。

c. 每隔一段时间（六个月左右或在定期检修时），应清除落在断路器上的灰尘，以保证断路器具有良好绝缘。

d. 应定期检查触点系统，特别是在分断短路电流后，更必须检查。在检查时应注意：断路器必须处于断开位置，进线电源必须切断；用酒精抹净断路器上的烟痕，清理触点毛刺；当触点厚度小于1mm时，应更换触点。

e. 当断路器分断短路电流或长期使用后，均应清理灭弧罩两壁烟痕及金属颗粒。若采用的是陶瓷灭弧室，灭弧栅片烧损严重或灭弧罩碎裂，不允许再使用，必须立即更换，以免发生不应有的事故。

f. 定期检查各种脱扣器的电流整定值和延时。特别是半导体脱扣器，更应定期用试验按钮检查其动作情况。

g. 对于有双金属片式脱扣器的断路器，当使用场所的环境温度高于其整定温度时，一般宜降容使用；若脱扣器的工作电流与整定电流不符，应当在专门的检验设备上重新调整后才能使用。

h. 对于有双金属片式脱扣器的断路器，因过载而分断后，不能立即"再扣",需冷却 1～3min,待双金属片复位后,才能重新"再扣"。

i. 定期检修应在不带电的情况下进行。

（3）低压断路器的常见故障及其排除方法

低压断路器的常见故障及其排除方法见表 2-3。

表 2-3　低压断路器的常见故障及其排除方法

常见故障	可能原因	排除方法
手动操作的断路器不能闭合	①欠电压脱扣器无电压或线圈损坏 ②储能弹簧变形,闭合力减小 ③释放弹簧的反作用力太大 ④机构不能复位再扣	①检查线路后加上电压或更换线圈 ②更换储能弹簧 ③调整弹簧反力或更换弹簧 ④调整脱扣面至规定值
电动操作的断路器不能闭合	①操作电源电压不符 ②操作电源容量不够 ③电磁铁或电动机损坏 ④电磁铁拉杆行程不够 ⑤电动机操作定位开关失灵 ⑥控制器中整流管或电容器损坏	①更换电源或升高电压 ②增大电源容量 ③检修电磁铁或电动机 ④重新调整或更换拉杆 ⑤重新调整或更换开关 ⑥更换整流管或电容器
有一相触点不能闭合	①该相连杆损坏 ②限流开关斥开机构可折连杆之间的角度变大	①更换连杆 ②调整至规定要求
分励脱扣器不能使断路器断开	①线圈损坏 ②电源电压太低 ③脱扣面太大 ④螺钉松动	①更换线圈 ②更换电源或升高电压 ③调整脱扣面 ④拧紧螺钉
欠电压脱扣器不能使断路器断开	①反力弹簧的反作用力太小 ②储能弹簧力太小 ③机构卡死	①调整或更换反力弹簧 ②调整或更换储能弹簧 ③检修机构
断路器在启动电动机时自动断开	①电磁式过电流脱扣器瞬动整定电流太小 ②空气式脱扣器的阀门失灵或橡皮膜破裂	①调整瞬动整定电流 ②更换
断路器在工作一段时间后自动断开	①过电流脱扣器长延时整定值不符要求 ②热元件或半导体元件损坏 ③外部电磁场干扰	①重新调整 ②更换元件 ③进行隔离

常见故障	可能原因	排除方法
欠电压脱扣器有噪声或振动	①铁芯工作面有污垢 ②短路环断裂 ③反力弹簧的反作用力太大	①清除污垢 ②更换衔铁或铁芯 ③调整或更换弹簧
断路器温升过高	①触点接触压力太小 ②触点表面过分磨损或接触不良 ③导电零件的连接螺钉松动	①调整或更换触点弹簧 ②修整触点表面或更换触点 ③拧紧螺钉
辅助触点不能闭合	①动触桥卡死或脱落 ②传动杆断裂或滚轮脱落	①调整或重装动触桥 ②更换损坏的零件

2.1.4 按钮的维修

（1）按钮的检测

先将万用表拨在电阻挡，使按钮处于自然位置，将两表笔分别搭在按钮一对触点的接线端子上，如图 2-4 所示。测量动合触点应断开、动断触点应闭合。再将按钮处于闭合位置，将两表笔分别搭在断路器一对触点的接线端子上，测量动合触点应闭合、动断触点应断开。

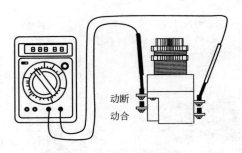

动断
动合

图 2-4　复合按钮的检测

（2）按钮的使用和维修

a. 按钮应安装牢固，接线应正确。通常红色按钮作停止用，绿色或黑色表示启动或通电。

b. 应经常检查按钮，及时清除它上面的尘垢，必要时采时密封措施。

c. 若发现按钮接触不良，应查明原因；若触点表面有损伤或尘垢，应及时修复或清除。

d. 用于高温场合的按钮，因塑料受热易老化变形，而导致按钮松动。为防止因接线螺钉相碰而发生短路故障，应根据情况在安装时增设紧固圈或给接线螺钉套上绝缘管。

e. 带指示灯的按钮，一般不宜用于通电时间较长的场合，以免塑料件受热变形，造成更换灯泡困难。若欲使用，可降低灯泡电压，以延长使用寿命。

f. 安装按钮的按钮板或盒，应采用金属材料制成，并与机械总接地线母线相连。悬挂式按钮应有专用接地线。

（3）按钮的常见故障及排除方法

按钮的常见故障及其排除方法见表2-4。

表 2-4　按钮的常见故障及其排除方法

常见故障	可能原因	排除方法
按下启动按钮时有触电感觉	①按钮的防护金属外壳与连接导线接触	①检查按钮内连接导线
	②按钮帽的缝隙间充满铁屑,使其与导电部分形成通路	②清理按钮
停止按钮失灵,不能断开电路	①接线错误	①改正接线
	②线头松动或搭接在一起	②检查停止按钮接线
	③尘土过多或油污使停止按钮两动断触点形成短路	③清理按钮
	④胶木烧焦短路	④更换按钮
被控电器不动作	①被控电器损坏	①检修被控电器
	②按钮复位弹簧损坏	②修理或更换弹簧
	③按钮接触不良	③清理按钮触点

2.2　电子元件的检测

2.2.1　电位器的测量

首先用万用表电阻挡测量电位器的最大阻值（即电位器两固定1、3端间的电阻值，如图 2-5 所示）。检查是否与标称值相符；然后再测量中心滑动端 2 和电位器任一固定端的电阻值。测量时旋转转轴，观察万用表的读数是否变化平稳，是否有跳动现象。转动转轴时应感到触点滑动灵活、松紧适中，听不到"咝咝"的噪声，表示电位器的电阻体良好，动接触点接触可靠。

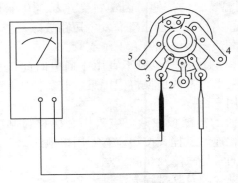

图 2-5　电位器的测量

2.2.2　电容器的检测

（1）电容器的测量

将数字式万用表置于电容挡，两表笔分别接触电容器两端，即可读数，如图 2-6 所示。

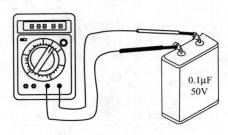

图 2-6　电容器的测量

（2）电容器好坏的检测

将数字式万用表置于 2M 挡，用两表笔分别任意接电容器的两个引脚，阻值应为无穷大。若测出阻值（指针向右摆动）或阻值为零，则说明电容器漏电损坏或内部击穿。

2.2.3　半导体二极管的检测

（1）二极管极性的判别

将 500 型万用表选择开关旋到 R×100 或 R×1k 挡，然后用两个表笔连接二极管的两根引线，若测出的电阻为几十千欧至几百千欧，则红表笔所连接的引线为正极，黑表笔所连接的引线为负极；若测出的电阻为几十欧至几百欧（硅管为几千欧），则黑表笔所连接的引线为正极，红表笔所连接的引线为负极，如图 2-7 所示。使用数字式万用表时情况正好相反，这是因为两类万用表内部电池正负极接法不同。

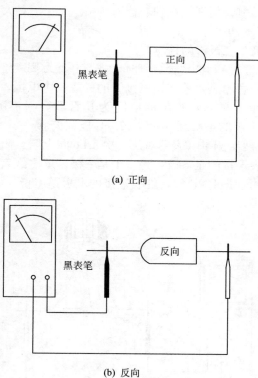

(a) 正向

(b) 反向

图 2-7　二极管极性的判别

（2）稳压二极管与普通二极管的判别

首先利用判别二极管的方法判别出正负极性，然后将万用表旋至 R×10k 挡，黑表笔接二极管的负极，红表笔接二极管正极，如果此时的反向电阻变得很小（与 R×1k 挡测出的电阻值比较），则证明是稳压二极管；如果反向电阻依然很大，则是整流二极管或检波二极管。

2.2.4　双极型三极管的检测

（1）三极管的识别

直观识别硅管的电极方法是，将三极管的电极向上，缺口对着自己，电极从左到右按顺时针方向依次为发射极（e）、基极（b）、集电极（c）。PNP 型锗管的判别方法与硅管相同。对于一字形排列的三极管，引脚判别从左到右依次为 e、b、c。对大功率的三极管，其外壳表示集电极（c）。

（2）双极型三极管的检测

检测 NPN 管和 PNP 管引脚时，将 500 型万用表选择开关旋到 R×1k 挡，然后用黑表笔连接三极管的任意一个电极，红表笔分别连接另外两个电极。若测出的电阻为几百欧，则被测管为 NPN 型，黑表笔连接的电极是 b 极，在 cb 极间跨接一只 100kΩ 电阻（见图 2-8），两次测量（表笔对调一次）bc 间电阻，阻值小的那一次测量中黑表笔接的是 c 极，另一个是 e 极。反之红表笔与黑表笔交换，则被测管是 PNP 型，红表笔接的电极是 b 极。

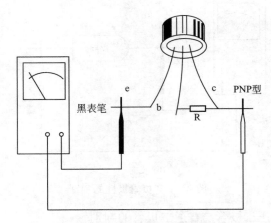

图 2-8　三极管引脚判别

2.2.5　结型场效应管的检测

（1）结型场效应管引脚的判别

可用万用表的 R×1k 挡，如图 2-9 所示。将黑表笔接触管子的某一电极，用红表笔分别接触管子的另外两个电极，若两次测得的电阻值都很小（几百欧），则黑表笔接触的那个电极即为栅极，而且是 N 沟道结型场效应管。用红表笔接触管子的某一电极，黑表笔分别接触其他两个电极，若两次测得的阻值都较小（几百欧），则可判定红表笔接触的电极为栅极，而且是 P 型沟道结型场效应管。在测量中，如出现两次所测阻值相差悬殊，则需要改换电极重测。

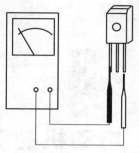

图 2-9　结型场效应管
引脚的判别

（2）结型场效应管好坏的识别

将万用表置于 R×1k 挡，当测 P 型沟道结型场效应管时，将红表笔接触源极（S）或漏极（D），黑表笔接触栅极（G），测得的电阻值应该很大（接近无穷大）；如交换表笔重测，测得的电阻值应该很小（几百欧），表明场效应管是好的。当栅极和源极、栅极和漏极间均无反向电阻时，表明场效应管是坏的。

2.2.6　普通晶闸管的检测

将万用表置于 R×1k 挡（或 R×100 挡），晶闸管其中一端假定为控制极，与黑表笔相接。然后用红表笔分别接另外两端，如图 2-10 所示。若一次阻值较小（正向导通），另一次阻值较大（反向阻断），说明黑表笔接的是控制极。

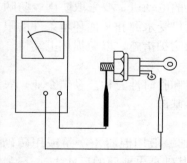

图 2-10　晶闸管引脚的判别

在阻值较小的那次测量中，接红表笔的一端是阴极；阻值较大的那次测量中，接红表笔的是阳极。若两次测出的阻值均很大，说明黑表笔接的不是控制极，可重新设定一端为控制极，这样就可以很快判别出晶闸管的三个电极。

第**3**章

⚡ **电动机的安装与维修**

③.1 三相异步电动机的安装

3.1.1 电动机本体的安装

（1）地点选择

电动机应安装在通风、干燥、灰尘较少的地方和不致遭受水淹的地方。电动机的周围应比较宽敞，还应考虑到电动机的运行、维护、检修和运输的方便。安装在室外的电动机，要采取防雨、防晒的措施。农村排灌用的一些小型电动机受水源和其他环境条件的限制，流动性较强，要因地制宜地采取防护措施，以免损坏电动机。

（2）基础制作

电动机的基础有永久性、流动性和临时性三种。乡镇企业、农副加工、电力排灌站一般采用永久性基础。

① 底座基础制作

a. 基础浇注。电动机底座的基础一般用混凝土浇筑或用砖砌成，基础的形状如图 3-1(a) 所示。基础高出地面的尺寸 H 一般为 100～150mm，具体高度随电动机规格、传动方式和安装条件等确定。底座长度 L 和宽度 B 的尺寸，应根据底板或电动机基座尺寸确定，每边应比电动机机座宽 100～150mm。基础的深度一般按地脚螺栓长度的 1.5～2.0 倍选取，以保证埋设的地脚螺栓有足够的强度。基础的重量应为机组重量的 2.5～3.0 倍。

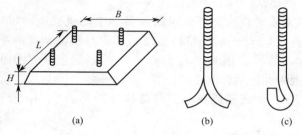

图 3-1　电动机直接安装基础

　　浇筑基础之前，应挖好基坑，夯实坑底，防止基础下沉。接着在坑底铺土层石子，用水淋透并夯实。然后把基础模板放在石子上或将木板铺设在浇筑混凝土的木架上，并埋入地脚螺栓。

　　浇筑混凝土时，要保持地脚螺栓的位置不变和上下垂直。

　　b. 地脚螺栓埋设。为了保证地脚螺栓埋设牢固，通常将其埋入基础的一端做成人字形或弯钩形，如图 3-1(b)、图 3-1(c) 所示。埋设螺栓时，埋入混凝土的深度一般为螺栓直径的 10 倍左右，人字开口或弯钩的长度约为螺栓埋入混凝土深度的一半。

　　② 临时基础制作

　　对于临时建筑施工机械或其他临时使用的电动机，可采用临时性基础。临时性基础一般为框架式，将电动机与机械设备一起固定在坚固的框架上。框架可以是木制或钢制框架，把框架埋在地下，用铁钎或木桩固定。需要异地使用时，拔出铁钎或木桩，拖动或抬运框架即可。

　　③ 底座基础复核

　　a. 按照水泥基础所能承担的总负荷、电动机的固有振动频率、转速及安装地点的土质状况，核对水泥基础的水泥牌号、基础的尺寸是否合适。

　　b. 对于室外安装的电动机，其水泥基础的深度应大于 0.25m，或大于冻土层。

　　c. 核对地脚螺栓的尺寸、形状及埋入深度是否符合要求，螺栓、水泥基础是否已成为一体。

　　d. 安放垫铁后进行预安装，第一次找平后进行二次灌浆。经二次灌浆后垫铁应与水泥基础成为一体。

　　e. 核对安装在水泥基础上的设备（电动机或电动机加上它所拖的负荷）加上垫铁后的整体的重心是否与水泥基础的重心重合。若不重合，其偏心值和平行偏心方向的基底边长的比值应小于3%，否则应调整地脚螺栓的位置。

　　f. 对于框架式基础要检查各焊接部位是否牢固，复核框架的刚度及强度。

　　（3）安装前检查

　　① 技术资料复核

　　详细核对电动机铭牌上标出的各项数据（如型号规格、额定容量、额定电压、防护等级等），应与图样规定或现场实际要求相符。

　　② 外观检查

　　a. 外形是否有撞坏的地方，转子有无窜动，人工转动有无不正常的卡壳现象和噪声。

　　b. 电刷、集电环、整流子等各部件有无损坏或松脱的地方。电动机所附地脚螺栓是否齐全。

　　③ 定子与转子的间隙检查

　　a. 检查定子与转子的间隙，可用塞尺测量。塞尺放在转子两端，将转子慢慢转动四次，每次转 90°。对于凸极式电动机应在各磁极下面测定，而对于隐极式电动机则分四点测定。

　　b. 直流电动机磁极下各点空气间隙的相互误差，当间隙在 3mm 以下时，不应超过 20%；当间隙在 3mm 及以上时，不应超过 10%。

　　c. 交流电动机各点空气间隙的相互误差不应超过 10%。

　　④ 绕组检查

　　a. 拆开接线盒，用万用表检查三相绕组是否断路，连接是否牢固。

　　b. 必要时可用电桥测量三相绕组的直流电阻，检查阻值偏差是否在允许范围以内（各相绕组的直流电阻与三相电阻平均值之差一般不应超过±2%）。

　　⑤ 绝缘检查

　　使用兆欧表测量电动机各相绕组之间以及各相绕组与机壳间的

绝缘电阻。如果电动机的额定电压在 500V 以下，则使用 500V 兆欧表测量，测得的绝缘电阻值不应低于 0.5MΩ。

⑥ 电动机清理

电动机经过检查后，应用手动吹风器将机身上尘垢吹扫干净。如果电动机较大，最好用压力不超过 0.2MPa 的干燥压缩空气吹扫。

（4）电动机的搬运

① 吊运电动机的基本要求

a. 搬运和吊装电动机时，应注意不要使电动机受到损伤、受潮和弄脏，并要注意安全。

b. 如果电动机由制造厂装箱运来，在还没有到安装地点前，不得打开包装箱，应将电动机储存在干燥的房间内，并用木板垫起来，以防潮气浸入电动机。

② 吊运电动机前的准备工作

a. 了解电动机及附属设备的总重量、外形尺寸及吊运要求。

b. 准备适当的吊运设备、工具、材料和相应的人力。

c. 了解清楚吊运路线及周围作业的环境。

d. 对较大部件的吊运，应制订出操作方法和安全措施。

③ 吊运电动机的方法

a. 吊运电动机时，不得将绳索挂在轴身、风扇罩、导风板上，应挂在提环上或机座底脚和机座板指定的挂绳处。当电动机有两个提环时，绳索在挂钩之间的角度不得大于 30°，以防拉断提环；如大于 30°时，应在提环间加撑条保护。

b. 吊运机组时，应将绳索兜住底部或拉在底座指定的吊孔上，严禁用一个电动机的提环吊运整个机组。

c. 电动机抽芯过程中吊运转子，如将绳索套挂在转子铁芯上或轴身上时，应加垫块及毛毡等物，防止划伤铁芯或轴身，并应注意防止滑动。

d. 吊运用的各种索具，必须结实可靠。若电动机与减速机或水泵等设备连接为一体，不能用电动机吊环吊运设备。电动机经长途运输或装卸搬运，难免不受风雨侵蚀及机械损伤，电动机运到现场后，应仔细检查和清扫。

（5）电动机的安装

① 电动机固定

电动机在混凝土基础上安装方式有两种：一种是将电动机基座直接安装在基础上，如图 3-2 所示；另一种是基础上先安装在槽轨上，如图 3-3 所示。

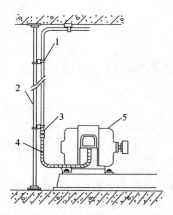

图 3-2　电动机配管安装方法
1—管卡；2—支架；3—接地卡；
4—金属软管；5—电动机

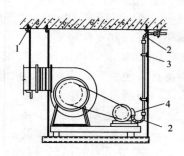

图 3-3　风机电动机配管安装方法
1—胀锚螺栓；2—软管；
3—管卡；4—接线盒

为了防止振动，安装时应在电动机与基础之间垫一层硬橡胶板，四角的地脚螺栓都要套上弹簧垫圈。在拧紧地脚螺栓时，地脚螺栓应在校平过程中分几次逐渐地拧紧。

② 电动机校正

电动机安装就位后，应用水平仪对电动机进行纵向和横向校正。如果不平，可在机座下面加金属调整垫片进行校正，垫片可用厚 0.5～5mm 的钢片。若检修后更换同容量的不同中心高的电动机，应更换垫铁，重新进行二次灌浆，不宜在原垫铁与电动机间加入槽钢之类的垫块。

3.1.2　电动机引线的安装

电动机的引线应采用绝缘导线，其截面积的大小应按电动机的额定电流选定。地面以上 2.5m 以内的一段引线应采用槽板或硬塑料管防护，引线沿地面敷设时，可采用地埋线、埋管、电缆沟等防护形式，引线不允许有裸露部分。对于临时性的电动机引线，可采用橡皮绝缘的护套软线，但要保证护套软线完好无损，以免漏电。

电源、启动设备、保护装置等与电动机的连接，应采用接线盒或其他防护措施，应避免导体裸露，威胁人身安全。操作开关的安装地点应在电动机附近，其高度应符合安全规定的要求，以便操作和维修。

（1）电动机接线

三相电动机定子绕组一般采用星形或三角形两种连接方式，如图 3-4 所示。生产厂家为方便用户改变接线方法，一般电动机接线盒中电动机三相绕组的 6 个端子的排列次序有特定的方式，如图 3-5 所示。

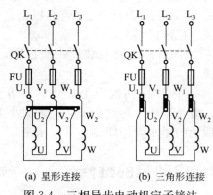

(a) 星形连接　　　　　(b) 三角形连接

图 3-4　三相异步电动机定子接法

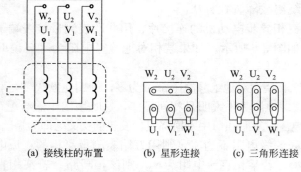

(a) 接线柱的布置　　(b) 星形连接　　(c) 三角形连接

图 3-5　定子绕组接法

（2）接线的注意事项

a. 选择合适的导线截面积，按接线图规定的方位，在固定好的电器元件之间测量所需要的长度，截取长短适当的导线，剥去导线两端绝缘皮，其长度应满足连接需要。为保证导线与端子接触良好，压接时将芯线表面的氧化物去掉，使用多股导线时应将线头绞紧烫锡。

b. 走线时应尽量避免导线交叉，先将导线校直，把同一走向的导线汇成一束，依次弯向所需要的方向。走线应横平竖直，拐直角弯。做线时要用手将拐角做成 90°的慢弯，导线弯曲半径为导线直径的 3～4 倍，不要用钳子将导线做成死角，以免损伤导线绝缘层及芯线。做好的导线应绑扎成束用非金属线卡卡好。

c. 将成型好的导线套上写好的线号管，根据接线端子的情况，将芯线弯成圆环或直接压进接线端子。

d. 接线端子应紧固好，必要时装设弹簧垫圈，防止电器动作时因受振动而松脱。

e. 同一接线端子内压接两根以上导线时，可套一只线号管。导线截面不同时，应将截面大的放在下层，截面小的放在上层。所有线号要用不易褪色的墨水，用印刷体书写清楚。

3.2　三相异步电动机的维修

3.2.1　三相异步电动机故障查找方法

（1）绕组故障查找方法

打开三相异步电动机的连接片，用兆欧表测量接线端子对地绝缘电阻，如图 3-6 所示。如果某相对地绝缘电阻为零，说明该相绕组接地。

如果三相绕组对地绝缘电阻都不为零，则用兆欧表测量相间绝缘电阻。若绝缘电阻为零说明是相间短路，这时用调压器给短路两相间通入低压电流，短时间后用手摸绕组，发热的交叉处即为短路位置。

若相间绝缘电阻不为零，则用万用表测量每相的直流电阻，如图 3-7 所示。若某相直流电阻为∞，则该相断路；若某相直流电阻偏小，则该相短路。

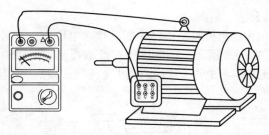

图 3-6 用兆欧表判断三相电动机故障

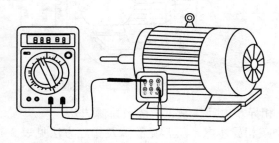

图 3-7 用万用表判断三相电动机故障

（2）起末头错误的查找

① 直流电极性法

如图 3-8 所示，将一相绕组两端接在毫安表上；另一相绕组一端接干电池的负极，另一端接导线后，手持导线一端碰触干电池的正极，瞬间观察毫安表的指针。指针正偏说明电池正极所接线头与毫安表正接线柱所接线头同极性，指针反偏则反极性。

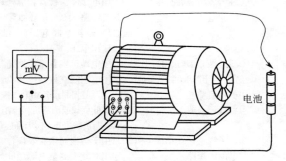

图 3-8 直流电极性法判断三相电动机起末头

② 电压表法

将任意两相绕组按假定头尾串联后接在电压表上，另一相接 36V 交流电源，如图 3-9 所示。如电压表有指示，说明串联的两相首尾是正确的；如无指示，说明串联的两相头尾接反，调换一相接头重试。

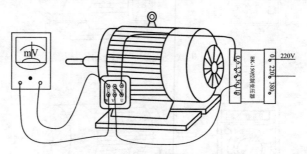

图 3-9 电压表法判断三相电动机起末头

（3）三相异步电动机常见故障及排除方法

a. 笼型三相异步电动机常见故障及排除方法见表 3-1。

表 3-1 笼型三相异步电动机常见故障及排除方法

常见故障	可能原因	排除方法
电动机不启动	①电源未接通 ②启动线路和启动设备故障 ③负载过重或机械卡阻 ④绕组短路、断路、接地 ⑤电源电压低	①检查电源开关、熔丝、控制接触器主触点及电动机引出线，将故障处理 ②按图纸检查控制线路，校正接线，检查启动参数是否变动，查出原因予以修复 ③降低负载或消除机械卡阻(盘动联轴器灵活说明负载过重，不灵活说明机械卡阻) ④用电压降法检查相应处理 ⑤若线路太长，可增加导线截面，降低线路降压;若电源电压低，可提高变压器二次输出电压
接入电源后断路器跳闸或熔丝熔断	①断路器或熔丝选得过小 ②定子绕组严重短路或接地 ③单相启动 ④负载过大或卡阻 ⑤定子绕组接线错误 ⑥电源线短路	①按电动机容量重新选择 ②用电阻法查找并排除 ③用万用表测量各相电压恢复三相电源 ④降低负载或消除机械卡阻(盘动联轴器灵活说明负载过重，不灵活说明机械卡阻) ⑤用干电池与微安表检查并纠正 ⑥用兆欧表测量电源相间绝缘电阻，更换电源线

常见故障	可能原因	排除方法
负载转速低于额定转速	①绕组电压过低 ②笼条开焊或断裂 ③被拖动设备卡阻 ④重绕时线径小匝数多	①用万用表检查电动机输入端电源电压大小,进行调整。若是接线错误予以更正 ②用铁粉感应法查找,予以修复 ③盘动联轴器不灵活说明机械卡阻,予以消除机械卡阻 ④可重新复查绕组的线径和匝数重绕
运行温升高	①过载运行 ②环境温度高或通风不好 ③绕组短路 ④定、转子相擦 ⑤电源电压过高或过低 ⑥转子断路	①降低负载 ②降低环境温度改善通风条件,必要时可外加风吹吹风 ③用短路侦察器检查更换损坏绕组 ④若是转轴弯曲予以矫正,若是轴承损坏予以更新 ⑤恢复正常电压 ⑥查明断条或开焊处进行处理
电动机振动	①轴承磨损,间隙不合格 ②转子不平衡 ③基础强度不够或安装不平 ④风扇不平衡 ⑤转子开路 ⑥转轴弯曲 ⑦铁芯变形或松动 ⑧联轴器安装不正 ⑨电动机地脚螺栓松动	①用塞尺检查轴承间隙,不合格应予以更换 ②重新找平衡 ③加固基础,增加机械强度 ④给风扇单独找平衡 ⑤用铁粉感应法查找并消除 ⑥矫正转轴 ⑦用环氧树脂黏结或增加压圈 ⑧重新找正 ⑨紧固地脚螺栓
绕组绝缘电阻低	①绕组受潮或进水 ②绕组绝缘粘满粉尘、油灰 ③接线板损坏,引出线老化 ④绕组绝缘老化	①进行干燥 ②清洗干燥绕组 ③更换接线板 ④更换绝缘(绕组)
轴承发热	①润滑油过多或过少 ②油质不好,含有杂质 ③轴承与轴径配合过松或过紧 ④轴承与端盖配合过松或过紧 ⑤油封太紧	①检查润滑油量,按要求填充至轴承室容积的 $1/3 \sim 1/2$ ②检查油质,更换洁净润滑油 ③过松时用乐泰固化胶粘,过紧时车细轴径 ④过松可电镀端盖或热套钢圈,过紧可车削端盖

常见故障	可能原因	排除方法
轴承发热	⑥轴承内盖偏心,与轴相擦 ⑦两侧端盖或轴承盖未装平 ⑧传动机构连接偏心	⑤更换油封 ⑥修磨轴承内盖使与轴的间隙适合 ⑦安装时要对称拧紧螺栓,并不时盘动转轴保证灵活 ⑧重新找正校准中心线
异常噪声	①定、转子相擦 ②转子风叶碰壳 ③转子擦绝缘纸 ④轴承缺油或磨损 ⑤联轴器松动 ⑥改极重绕时槽配合不当	①若是转轴弯曲予以矫正,若是轴承损坏予以更新 ②校正风叶,拧紧螺钉 ③修剪绝缘纸 ④清洗轴承并更新油品 ⑤检修联轴器 ⑥校验定转子槽配合

b. 三相绕线式异步电动机常见故障及其排除方法见表 3-2。

表 3-2　三相绕线式异步电动机常见故障及其排除方法

常见故障	可能原因	排除方法
启动转速不平稳	①控制器或电阻器之间接线错误 ②转子回路接线松动脱落或电阻器损坏 ③控制器个别触点接触不良	①纠正接线,使启动电阻均衡切除 ②可将转子回路连线接好,并加以紧固;若是电阻器损坏应予以更换 ③用万用表检查,针对情况予以处理
切除电阻后达不到额定转速	①启动电阻没有完全切除 ②电刷压力不足或集电环表面不光滑 ③转子绕组与集电环连接螺钉松动,造成转子接触不良 ④转子一相绕组断路	①用万用表检查转子启动电阻随手柄转动的切除情况,调整与手柄连接的轴杆及转动机构,保证在最后位置时能将启动电阻完全切除 ②用弹簧秤检查并调整电刷压力,修磨集电环接触面 ③可用双臂电桥测量绕组与集电环的电阻,稳定后晃动接线头,观察指针若摆动说明接触不良 ④用兆欧表检查
集电环火花大	①电刷与刷握配合不当 ②刷握与集电环距离过大 ③电刷与集电环接触压力小 ④电刷牌号或尺寸不符 ⑤电刷或集电环污秽 ⑥集电环表面不平或椭圆	①电刷过紧应磨掉一些使其能在刷握内自由移动,过松应更换电刷 ②调整刷握与集电环之间距离,使其保持在 2~4mm ③用弹簧秤测量并调整电刷压力在 1500~2500Pa,各刷间的差值不超过 10% ④更换合适电刷 ⑤若用抹布擦不掉可蘸酒精擦 ⑥车光

3.2.2　三相异步电动机的机械检修

（1）小型交流电机的拆装

① 拆卸联轴器

旋松拉马顶丝，将拉马的三个拉爪拉住联轴器外圆，顶丝顶住轴端中心孔，用管钳拧动顶丝，缓慢拉出联轴器，如图 3-10 所示。

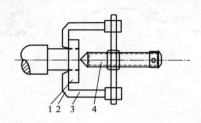

图 3-10　联轴器的拆卸

1—联轴器；2—钩爪；3—拉杆；4—顶丝

② 拆卸风冷装置

用螺丝刀拆除风罩螺钉，取下风罩，用小扳手轻轻翘出风叶，如图 3-11（a）所示。

③ 抽出转子

用扳手拆除后端盖固定螺栓，将木棒垫在转轴负荷侧，用木锤敲打负荷侧轴端，待听到端盖脱离机座声音后，用手端平转子，将转子连同后端盖一起抽出，如图 3-11（a）、图 3-11（b）所示。

④ 拆除前端盖

用扳手拆除前端盖固定螺栓，将电工扁铲插在端盖缝隙处，用铁锤敲打电工扁铲，待端盖撬开缝隙后，用手取下前端盖，如图 3-11（c）所示。

⑤ 拆卸后端盖

拆除轴承室固定螺栓，用木锤轻敲后端盖，待端盖活动后，用手移除后端盖，如图 3-11（d）所示。

电动机组装顺序与上述拆装顺序相反，此处不再叙述。

注意事项如下：

a. 如遇铝风叶，应先取出斜键。

b. 小型绕线异步电动机、小型直流电动机的拆除方法与上述

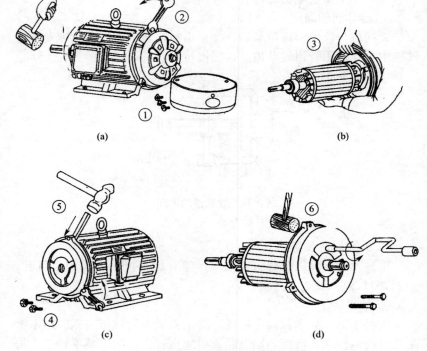

(a)　　　　　　　　　　　　(b)

(c)　　　　　　　　　　　　(d)

图 3-11　小型异步电动机拆卸步骤

方法相同，但注意转子抽出应自非负荷侧向负荷侧方向。

　　c. 对于锈蚀的联轴器可用氧-乙炔火焰加热辅助拆除。

　　d. 拆除的小件应妥善保管，以免丢失。

（2）轴承清洗方法

轴承清洗方法如下（见图 3-12）：

　　a. 用木片或竹片刮除轴承钢珠（球）上的废旧润滑油。

　　b. 用蘸有洗油的抹布擦去轴承内的残存废润滑油。

　　c. 将轴承浸泡在洗油盆内，约 30min 后，用毛刷蘸洗油擦洗轴承，直到洗净为止。

　　d. 更换新洗油，再清洗一遍，力求清洁。最后将洗净的转轴放在干净的纸上，置于通风场合，吹散洗油。

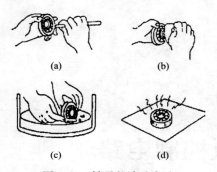

(a)　　　　　　　(b)

(c)　　　　　　　(d)

图 3-12　轴承的清洗方法

（3）轴承加油方法

a. 用竹片挑取润滑油，刮入轴承盖内，用量占油腔 60％～70％即可。

b. 仍用竹片刮取润滑油，将轴承的一侧填满，用手刮抹润滑油，使其能封住钢珠（球）。多余的润滑油将在轴承另一侧溢出，用手在另一侧刮除润滑油，使其封住另一侧钢珠（球）。

第 **4** 章

⚡ 电动机控制电路

4.1 常用控制电路

4.1.1 三相笼型异步电动机启动电路

（1）点动正转直接启动电路

原理分析：如图 4-1 所示，合上电源开关 QF，按下 SB，接触器 KM 线圈得电吸合，主触点 KM 闭合，电动机运行；松开 SB，接触器 KM 线圈失电释放，主触点 KM 断开，电动机停转。

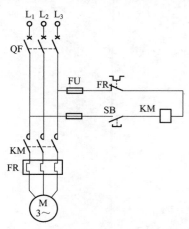

图 4-1 点动正转直接启动电路

（2）停止优先的正转启动电路

原理分析：如图 4-2 所示，合上电源开关 QF，按下 SB$_1$，接触器 KM 线圈得电吸合并自锁，主触点 KM 闭合，电动机运行，其动合辅助触点闭合用于自锁。停车时按下 SB$_2$，接触器 KM 线圈失电释放，主触点 KM 断开，电动机停转。由于同时按下 SB$_2$ 与 SB$_1$ 时，SB$_2$ 有效，因此称为停止优先电路。

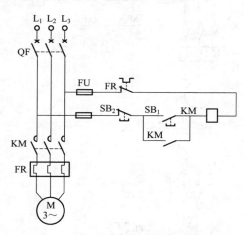

图 4-2　停止优先的正转启动电路

（3）启动优先的正转启动电路

原理分析：如图 4-3 所示，合上电源开关 QF，按下 SB$_1$，接触器 KM 线圈得电吸合并自锁，主触点 KM 闭合，电动机运行，其动合辅助触点闭合用于自锁。停车时按下 SB$_2$，接触器 KM 线圈失电释放，主触点 KM 断开，电动机停转。由于同时按下 SB$_2$ 与 SB$_1$ 时，SB$_1$ 有效，因此称为启动优先电路。

（4）带指示灯的自锁功能的正转启动电路

原理分析：如图 4-4 所示，合上电源开关 QF，指示灯 HLG 亮。按下 SB$_1$，接触器 KM 线圈得电吸合并自锁，主触点 KM 闭合，电动机运行，其动合辅助触点闭合，一对用于自锁，一对接通指示灯 HLR，HLR 亮，KM 的动断触点断开，HLR 灭。停车时按下 SB$_2$，接触器 KM 线圈失电释放，主触点 KM 断开，电动机

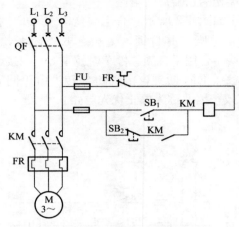

图 4-3 启动优先的正转启动电路

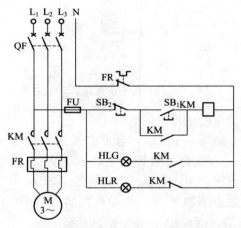

图 4-4 带指示灯的自锁功能的正转启动电路

停转。这时 KM 的动断辅助触点闭合，指示灯 HLR 亮、HLG 灭。

（5）接触器连锁正反转启动电路

原理分析：如图 4-5 所示，合上电源开关 QF，正转时按下 SB₁ 接触器 KM₁ 得电吸合并自锁，主触点 KM₁ 闭合，电动机正转启动，其动断辅助触点 KM₁ 断开，使 KM₂ 线圈不能得电。

反转时，先按下 SB_3，电动机停止，再按下 SB_2，KM_2 的动合触点闭合，接触器 KM_2 的得电吸合并自锁，主触点 KM_2 闭合，电动机反转。

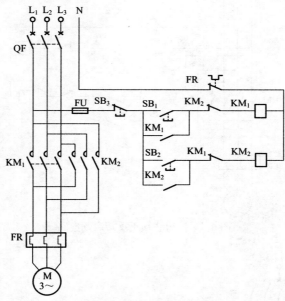

图 4-5 接触器连锁正反转启动电路

（6）按钮联锁正反转启动电路

原理分析：如图 4-6 所示，合上电源开关 QF，按下 SB_1，接触器 KM_1 线圈得电吸合并自锁，主触点 KM_1 闭合，电动机正转运行，SB_1 动断触点断开，使 KM_2 线圈不能得电。反转时，按下 SB_2，KM_2 的动合触点闭合，接触器 KM_2 线圈得电吸合并自锁，主触点 KM_2 闭合，电动机反转。

（7）按钮和接触器双重联锁正反转启动电路

原理分析：如图 4-7 所示，合上电源开关 QF，按下 SB_1，接触器 KM_1 线圈得电吸合并自锁，主触点 KM_1 闭合，电动机正转运行。同时动断辅助触点 KM_1 断开，使 KM_2 线圈不能得电。反转时，按下 SB_2，KM_2 的动合触点闭合，接触器 KM_2 线圈得电吸合并自锁，主触点 KM_2 闭合，电动机反转。

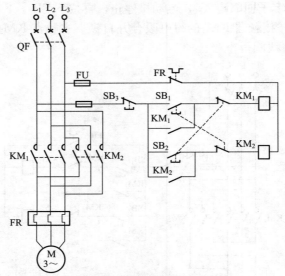

图 4-6　按钮联锁正反转启动电路

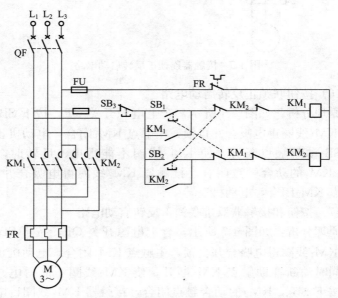

图 4-7　按钮和接触器双重联锁正反转启动电路

（8）定子回路串入电阻手动降压启动电路

原理分析：如图 4-8 所示，合上电源开关 QF，按下 SB$_1$，接触器 KM$_1$ 线圈得电吸合并自锁，主触点 KM$_1$ 吸合，电动机串入电阻 R 降压启动。经过一段时间后，按下 SB$_2$，KM$_2$ 线圈得电吸合并自锁，主触点吸合，短接电阻 R 电动机全压运行。

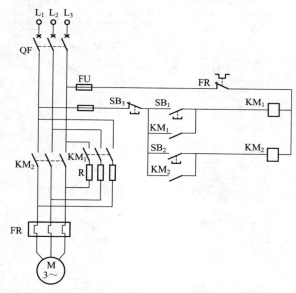

图 4-8　定子回路串入电阻手动降压启动电路

（9）定子回路串入电阻自动降压启动电路

原理分析：如图 4-9 所示，合上电源开关 QF，按下 SB$_1$，接触器 KM$_1$ 线圈得电吸合并自锁，主触点 KM$_1$ 吸合，电动机降压启动，同时时间继电器 KT 开始计时。经过一段时间后，时间继电器 KT 动合触点闭合，KM$_2$ 线圈得电吸合并自锁，主触点吸合，同时 KM$_2$ 动断触点断开，KM$_1$ 线圈失电释放，电动机全压运行。

（10）定子回路串入电阻手动、自动降压启动电路

原理分析：如图 4-10 所示，当 SA 位于手动位置时，原理与图 4-8 相同；当 SA 位于自动位置时，原理与图 4-9 相同。

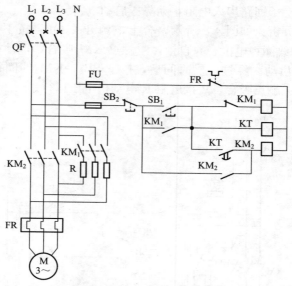

图 4-9　定子回路串入电阻自动降压启动电路

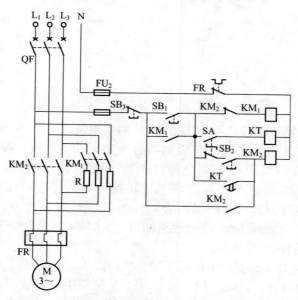

图 4-10　定子回路串入电阻手动、自动降压启动电路

（11）手动控制 Y-△降压启动电路

原理分析：如图 4-11 所示，合上电源开关 QF，按下启动按钮 SB$_1$，接触器 KM$_1$ 和 KM$_2$ 线圈得电吸合并通过 KM$_1$ 自锁，电动机绕组接成 Y 降压启动。经过一定时间后，按下 SB$_2$，其动断触点断开接触器 KM$_2$ 线圈回路，而其动合触点接通 KM$_3$ 线圈回路，KM$_3$ 自锁，电动机在△接法下全压运行。

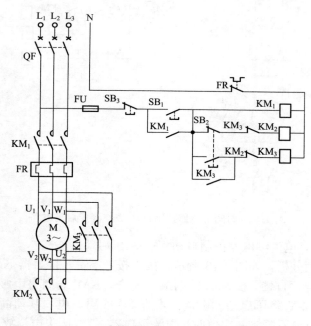

图 4-11   手动控制 Y-△降压启动电路

（12）时间继电器控制自动 Y-△降压启动电路

原理分析：如图 4-12 所示，合上电源开关 QF，按下按钮 SB$_1$，接触器 KM$_1$ 和 KM$_2$ 线圈得电吸合并通过 KM$_1$ 自锁，电动机绕组接成 Y 降压启动。同时时间继电器 KT 开始延时，经过一定时间 KT 动断触点断开接触器 KM$_2$ 线圈回路，而 KT 动合触点接通 KM$_3$ 线圈回路，电动机在△接法下全压运行。

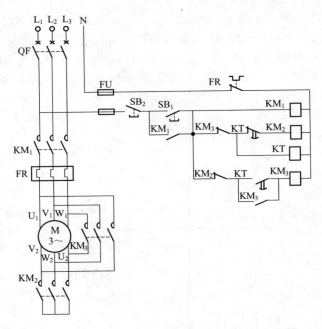

图 4-12　时间继电器控制自动 Y-△降压启动电路

（13）电流继电器控制自动 Y-△降压启动电路

原理分析：如图 4-13 所示，按下按钮 SB_1，接触器 KM_2 线圈得电吸合并自锁，其动合辅助触点闭合，KM_1 线圈得电吸合，电动机接成 Y 降压启动。电流继电器 KI 线圈通电，其动断触点断开。当电流下降到一定值时，电流继电器 KI 线圈失电释放，KI 动断触点复位闭合，KM_3 线圈得电吸合，KM_2 线圈失电释放，KM_3 动合辅助触点闭合，KM_1 线圈重新得电吸合，定子绕组接成△，电动机进入全压正常运行。

（14）手动自耦降压启动电路

原理分析：如图 4-14 所示，合上电源开关 QF，按下 SB_1，接触器 KM_1 线圈得电吸合并自锁，主触点 KM_1 吸合，电动机降压启动。当转速接近额定转速时按下 SB_2，KM_2 线圈得电吸合并自锁，主触点吸合，其辅助触点断开 KM_1 电源，电动机全压运行。

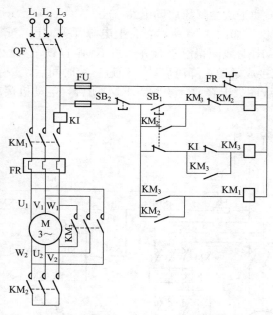

图 4-13 电流继电器控制自动 Y-△降压启动电路

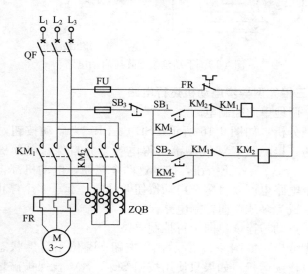

图 4-14 手动自耦降压启动电路

（15）手动延边△降压启动电路

原理分析：如图 4-15 所示，合上电源开关 QF，按下 SB_1，接触器 KM_1、KM_3 线圈得电吸合并通过 KM_1 自锁，主触点 KM_1 吸合，电动机接成延边△降压启动。经过一定时间后，按下启动按钮 SB_2，KM_3 线圈失电释放、主触点 KM_2 闭合，电动机接成△运行。

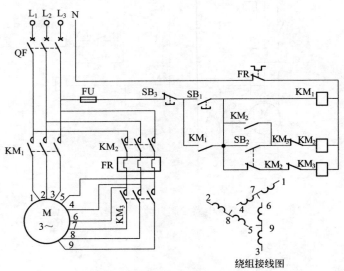

图 4-15 手动延边△降压启动电路

4.1.2 三相笼型异步电动机运行电路

（1）两地单向控制电路

原理分析：如图 4-16 所示，SB_{21}、SB_{22} 为启动按钮，按动这两个按钮，接触器 KM 线圈都将得电吸合并自保，电动机启动运转；SB_{11}、SB_{12} 为停止按钮，按动这两个按钮，电动机都将停止转动。这个电路也可以将多个启动按钮并联在一起、多个停止按钮串联在一起成为多地单向控制电路。

（2）点动与连续单向运行控制电路

原理分析：如图 4-17 所示，当按钮 SB_2 位于自然状态时，电动机可以连续运行；如果只使用按钮 SB_2，KM 自保被破坏，可以实现电动机 M 点动运行。

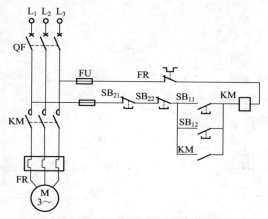

图 4-16　两地单向控制电路

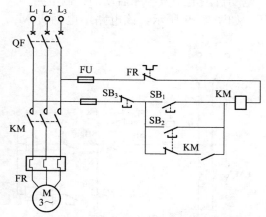

图 4-17　点动与连续单向运行控制电路

（3）长时间断电后来电自启动控制电路

原理分析：如图 4-18 所示，合上旋钮开关 SA，按下 SB，接触器 KM 线圈得电吸合并自保，电动机 M 运行。当出现停电时，KA、KM 线圈都将失电释放，KA 动断触点复位；当再次来电时，时间继电器 KT 线圈得电，经过延时接通 KM 线圈回路，电动机重新启动运行。

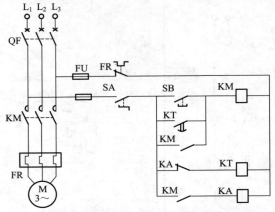

图 4-18　长时间断电后来电自启动控制电路

（4）两台电动机主电路按顺序启动的控制电路

原理分析：如图 4-19 所示，该电路中电动机 M_1、M_2 通过接

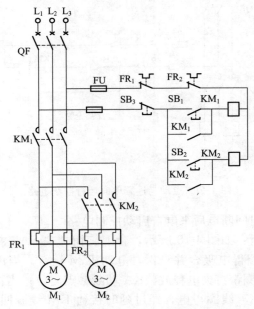

图 4-19　两台电动机主电路按顺序启动的控制电路

触器 KM_1、KM_2 来分别控制，接触器 KM_2 的主触点接在接触器 KM_1 的主触点下方，这样就保证了只有在 M_1 启动后，M_2 才能接通电源的顺序控制要求。

（5）两台电动机控制电路按顺序启动的电路

原理分析：如图 4-20 所示，电动机 M_2 的控制电路先与接触器 KM_1 线圈并接后，再与 KM_1 的自保触点串接，从而保证了在电动机 M_1 启动后，M_2 才能启动的顺序控制要求。

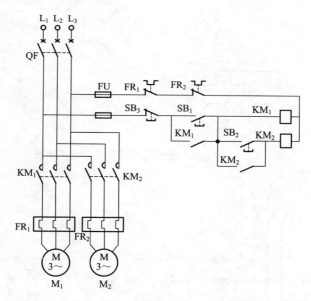

图 4-20 两台电动机控制电路按顺序启动的电路

（6）两台电动机控制电路按顺序停止的电路

原理分析：如图 4-21 所示，接触器 KM_2 的动合触点与 SB_3 并接后，再与 KM_1 的自保触点串接，从而保证了启动时电动机 M_1 先启动而停止时 M_2 先停止的控制要求。

（7）两台电动机自动互投的控制电路

原理分析：如图 4-22 所示，按下启动按钮 SB_1，接触器 KM_1 线圈得电吸合并自保，电动机 M_1 运行，同时断电延时继电器 KT_1 线圈得电。如果电动机 M_1 故障停止，则经过延时，延时动合触点

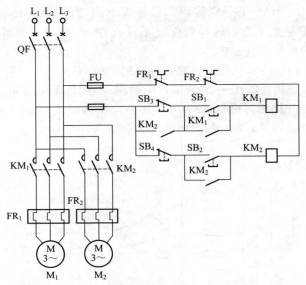

图 4-21　两台电动机控制电路按顺序停止的电路

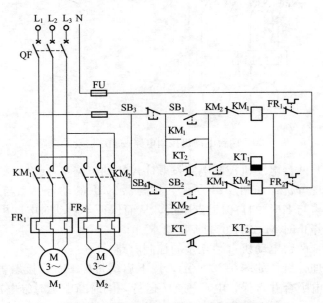

图 4-22　两台电动机自动互投的控制电路

KT$_1$闭合，接通 KM$_2$ 线圈回路，KM$_2$ 线圈得电吸合并自保，电动机投入运行。如果先开 M$_2$ 工作原理相同。

（8）行程开关限位控制正反转电路

原理分析：如图 4-23 所示，合上电源开关 QF，按下 SB$_1$，接触器 KM$_1$ 线圈得电吸合并自保，主触点 KM$_1$ 吸合，电动机正转运行。同时动断辅助触点 KM$_1$ 断开，使 KM$_2$ 线圈不能得电。挡铁碰触行程开关 SQ$_1$ 时电动机停转。中途需要反转时，先按下 SB$_3$，再按 SB$_2$。反转作用原理与正转相同。

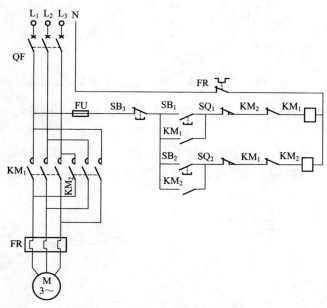

图 4-23　行程开关限位控制正反转电路

（9）时间继电器控制按周期重复运行的单向运行电路

原理分析：如图 4-24 所示，按下按钮 SB$_1$，KM 线圈得电吸合并自保，电动机 M 启动运行，同时 KT$_1$ 开始延时，经过一段时间后，动断触点 KT$_1$ 断开，电动机停转。同时，KT$_2$ 开始延时，经过一定时间后，其动合触点闭合，接通 KM 线圈回路，以下重复。

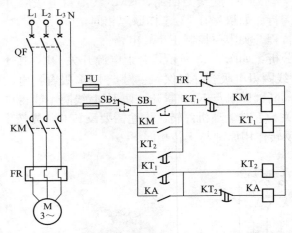

图 4-24 时间继电器控制按周期重复运行的单向运行电路

（10）行程开关控制按周期重复运行的单向运行电路

原理分析：如图 4-25 所示，按下按钮 SB₁，KM 线圈得电吸合并通过行程开关 SQ₁ 的动断触点自保，电动机 M 启动运行。当挡块碰触行程开关 SQ₁ 时，电动机 M 停止运行，同时 SQ₁ 动合触

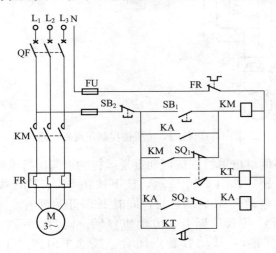

图 4-25 行程开关控制按周期重复运行的单向运行电路

点接通时间继电器回路，KT 开始延时。经过一段时间后，KT 动合触点闭合，继电器 KA 线圈得电并通过行程开关 SQ$_2$ 自保，KA 动合触点闭合，使 KM 线圈得电，电动机运行。电动机 M 运行到脱离行程开关 SQ$_1$ 时，SQ$_1$ 复位，同时 KT 线圈回路断开，其动合触点断开。当电动机运行到挡块碰触 SQ$_2$ 时，KA 断电，电动机继续运行挡块碰触 SQ$_1$，重复以上过程。

（11）时间继电器控制按周期自动往复可逆运行电路

原理分析：如图 4-26 所示，合上开关 SA，时间继电器 KT$_1$ 线圈得电吸合并开始延时，经过一段时间延时，KT$_1$ 动合触点闭合，接触器 KM$_1$ 线圈得电吸合并自保，电动机正转启动，同时时间继电器 KT$_2$ 开始延时，经过一段时间，动合触点 KT$_2$ 闭合，接触器 KM$_2$ 线圈得电吸合并自保，电动机反向启动运行，同时 KM$_1$ 线圈失电，时间继电器 KT$_1$ 开始延时，经过一段时间后，其动合触点闭合，重复以上过程。

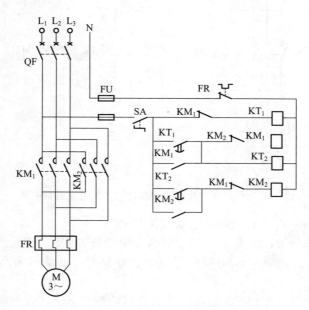

图 4-26　时间继电器控制按周期
自动往复可逆运行电路

（12）行程开关控制按周期自动往复可逆运行电路

原理分析：如图 4-27 所示，合上电源开关 QF，按下 SB_1，接触器 KM_1 线圈得电吸合并自保，主触点 KM_1 吸合，电动机正转运行。当挡铁碰触行程开关 SQ_1 时，其动断触点断开，电动机停止正向运行，同时 SQ_1 的动合触点闭合接通反向接触器 KM_2 的线圈，主触点 KM_2 闭合，电动机反向运行。中途需要反转时，按下按钮 SB_3，再按下反向按钮 SB_2。

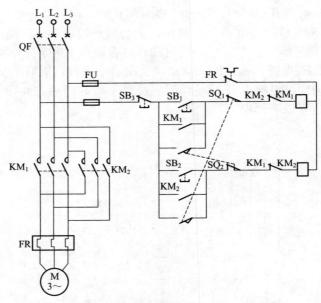

图 4-27　行程开关控制按周期自动往复可逆运行电路

（13）2Y/△接法双速电动机控制电路

原理分析：如图 4-28 所示，合上电源开关 QF，按下低速启动按钮 SB_1，接触器 KM_1 线圈得电吸合并自保，电动机为△连接低速运行。

按下停止按钮 SB_3 后，再按高速启动按钮 SB_2，接触器 KM_2、KM_3 线圈得电吸合并通过 KM_2 自保，此时电动机为 2Y 连接高速运行。

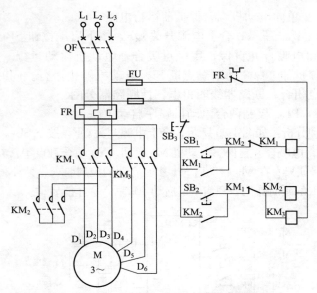

图 4-28 2Y/△接法双速电动机控制电路

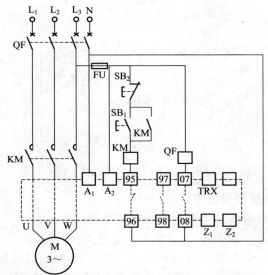

图 4-29 单向电动机综合保护器运行电路

（14）单向电动机综合保护器运行电路

如图 4-29 所示，合上电源开关 QF，按下启动按钮 SB₁，接触器 KM 得电吸合并自保，主触点吸合，电动机启动运行。电动机过载时保护器 95-96 动断触点断开，电动机停止运行。同时 07-08 动合触点闭合，断路器线圈得电，使断路器分闸。

（15）PLC 控制两台电动机顺序启动电路

原理分析：如图 4-30 所示，合上电源开关 QF，按下 SB₁，继电器 Y0 线圈得电吸合并自保。电动机 M₁ 启动，Y0 动合触点串接在 Y1 回路中，保证只有在 M₁ 启动后 M₂ 才能启动的控制要求。另外利用时间继电器 T 的延时作用，只有 M₁ 启动 10s 后 M₂ 才能启动。

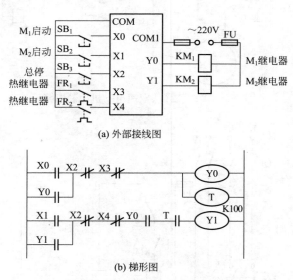

(a) 外部接线图

(b) 梯形图

图 4-30　PLC 控制两台电动机顺序启动电路

4.1.3　三相笼型异步电动机制动电路

（1）速度继电器单向运转反接制动电路

原理分析：如图 4-31 所示，合上电源开关 QF，按下启动按钮 SB₁，接触器 KM₁ 线圈得电吸合并自保，电动机直接启动。当电动机转速升高到一定值时，速度继电器 KS 的动合触点闭合，为反接制动做准备。停机时，按下停止按钮 SB₂，接触器 KM₁ 线圈失电

释放而接触器 KM_2 线圈得电吸合，电动机反接制动。当电动机转速低于一定值时，速度继电器 KS 动合触点断开，KM_2 线圈失电释放，制动过程结束。

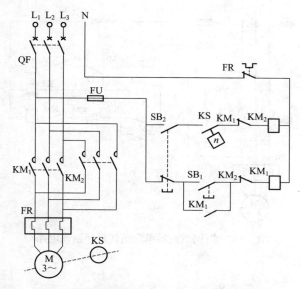

图 4-31　速度继电器单向运转反接制动电路

（2）时间继电器单向运转反接制动电路

原理分析：如图 4-32 所示，合上电源开关 QF，按下启动按钮 SB_1，接触器 KM_1 线圈得电吸合并自保，电动机直接启动运行。停机时，按下停止按钮 SB_2，接触器 KM_1 线圈失电释放，而 KM_2 线圈得电吸合并自保，电动机开始反接制动。同时断电延时继电器 KT 开始延时，经过一定时间，KT 动断触点断开 KM_2 线圈回路，制动过程结束。

（3）单向电阻降压启动反接制动电路

原理分析：合上电源开关 QF，按下启动按钮 SB_1，接触器 KM_1 线圈得电吸合并自锁，其动合触点闭合，电动机经电阻 R 降压启动。当转速上升到一定值时，速度继电器 KS 触点闭合，中间继电器 KA 得电吸合并自锁，其动合触点闭合，接触器 KM_3 线圈得电吸合，其主触点闭合，短接了降压电阻 R，电动机进入全压正常运行。

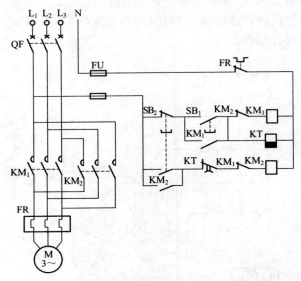

图 4-32　时间继电器单向运转反接制动电路

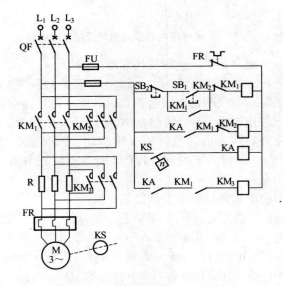

图 4-33　单向电阻降压启动反接制动电路

停机时，按下按钮 SB₂，接触器 KM₁、KM₃ 线圈先后失电释放，KM₁ 动断辅助触点闭合，KM₂ 线圈得电吸合，电动机反接制动。当电动机转速下降到一定值时，KS 触点断开，KM₂ 线圈失电释放，反接制动结束。

（4）正反向运转反接制动电路

原理分析：如图 4-34 所示，合上电源开关 QF，按下启动按钮 SB₁，接触器 KM₁ 线圈得电吸合并自保，电动机正转运行。当电动机转速达到一定值后，速度继电器 KS₁ 动合触点闭合，为反接制动做好准备。停机时，按下停止按钮 SB₃，接触器 KM₁ 线圈失电释放，中间继电器 KA 线圈得电吸合并自保，接触器 KM₂ 线圈得电吸合，电动机反接制动。当电动机转速低于一定值时，KS₁ 动合触点断开，KM₂ 和 KA 线圈失电释放，制动结束。

电动机反转及制动与上述的过程相似。

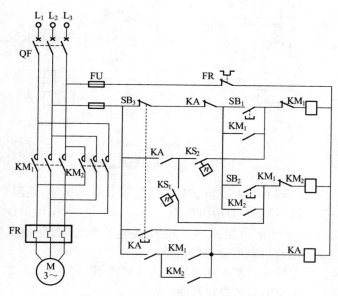

图 4-34　正反向运转反接制动电路

（5）正反向电阻降压启动反接制动电路

原理分析：如图 4-35 所示，合上电源开关 QF，按下启动按钮

SB₁，接触器 KM₁ 线圈得电吸合并自保，电动机正转降压启动。当电动机转速上升到一定值后，速度继电器 KS₁ 动合触点闭合，KA₂ 线圈得电吸合，接触器 KM₃ 线圈得电吸合，短接电阻 R，电动机进入全压正常运行。

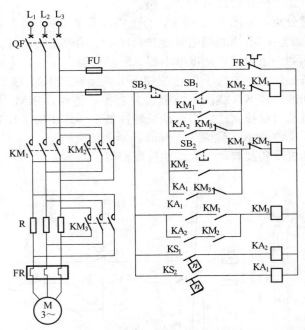

图 4-35 正反向电阻降压启动反接制动电路

停机时，按下停止按钮 SB₃，接触器 KM₁、KM₃ 线圈失电释放，而接触器 KM₂ 线圈得电吸合，电动机串入电阻 R 反接制动。当电动机转速低于一定值时，速度继电器 KS₁ 动合触点断开，KM₂ 线圈失电释放，电动机制动结束。

电动机反转及其制动过程与上述过程相似。

（6）手动单向运转能耗制动电路

原理分析：如图 4-36 所示，合上电源开关 QF，按下启动按钮 SB₁，接触器 KM₁ 线圈得电吸合并自保，电动机启动运转。停机时，按住停止按钮 SB₂，KM₁ 线圈失电释放，而接触器 KM₂ 线圈得电吸合，电动机进入能耗制动状态。待电动机转速下降至一定值时，松开停止按钮 SB_2，接触器 KM_2 线圈失电释放，能耗制动结束。

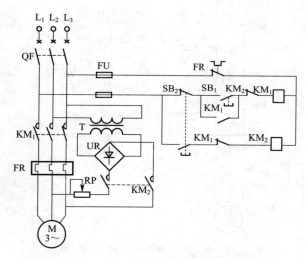

图 4-36 手动单向运转能耗制动电路

（7）断电延时单向运转能耗制动电路

原理分析：如图 4-37 所示，合上电源开关 QF，按下启动按钮 SB_1，接触器 KM_1 线圈得电吸合并自保，电动机启动运行。

停机时，按下停止按钮 SB_2，接触器 KM_1 线圈失电释放，而接触器 KM_2 线圈得电吸合并自保，电动机处于能耗制动状态。同时时间继电器 KT 开始延时，经过一定时间，其动断触点断开，KM_2 线圈失电释放，制动过程结束。

（8）单向自耦降压启动能耗制动电路

原理分析：如图 4-38 所示，启动过程同自动自耦降压启动电路。

停机时，按下停止按钮 SB_2，接触器 KM_2 线圈失电释放，同时接触器 KM_3 线圈得电吸合并自保，电动机进行能耗制动。同时，时间继电器 KT_2 线圈通电，经过一段时间，其动断触点断开，KM_3 线圈失电释放，制动过程结束。

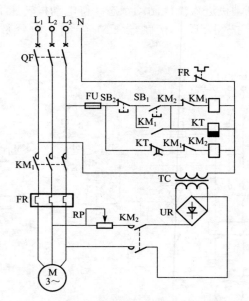

图 4-37　断电延时单向运转能耗制动电路

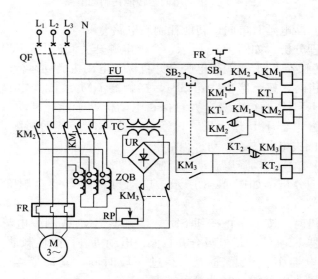

图 4-38　单向自耦降压启动能耗制动电路

（9）手动正反转运转能耗制动电路

原理分析：如图4-39所示，图中SB_1和SB_2分别为正向启动按钮和反向启动按钮，SB_3为停止按钮。停机时，按住停止按钮SB_3，接触器KM_1（或KM_2）线圈失电释放，接触器KM_3线圈得电吸合，其两副动合触点闭合。

后面的制动过程同手动单向运转能耗制动电路。

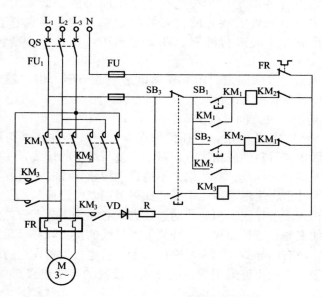

图4-39　手动正反转运转能耗制动电路

4.2　三相异步电动机控制电路的安装

4.2.1　电气控制电路安装配线的一般原则

（1）电气控制柜（箱或板）的安装

① 电器元件的安装

按照电器元件明细表配齐电器设备和电器元件，安装步骤如下：

a. 在掌握电路工作原理的前提下，绘制出电气安装接线图。

b. 检查电器元件的质量，包括检查电器元件外观是否完好、各接线端子及紧固件是否齐全、操作机构和复位机构的功能是否灵活、绝缘电阻是否达标等。

c. 底板选料与剪裁。底板可选择 2.5～5mm 厚的钢板或 5mm 厚的层压板等，按电器元件的数量和大小、摆放位置和安装接线图确定板面的尺寸。

d. 电器元件的定位。按电气产品说明书的安装尺寸，在底板上确定电器元件安装孔的位置并固定钻孔中心。选择合适的钻头对准钻孔中心进行冲眼。在此过程中，钻孔中心应该保持不变。

e. 电器元件的固定。用螺栓加以适当的垫圈，将电器元件按各自的位置在底板上进行固定。

② 电器元件之间导线的安装

a. 导线的接线方法。在任何情况下，连接器件必须与连接导线的截面积和材料性质相适应。对于导线与端子的接线，一般一个端子只连接一根导线。有些端子不适合连接软导线时，可在导线端头上采用针形、叉形等冷压端子。如果采用专门设计的端子，可以连接两根或多根导线，但导线的连接方式必须是工艺上成熟的各种方式，如夹紧、压接、焊接、绕接等。导线的接头除必须采用焊接方法外，所有的导线应当采用冷压端子。若电气设备在运行时承受的振动很大，则不许采用焊接的方式。接好的导线连接必须牢固，不得松动。

b. 导线的标志。在控制板上安装电器元件时，导线的线号标志必须与电气原理图和电气安装接线图相符合，并在各电器元件附近作好与原理图上相同代号的标记。注意，主电路和控制电路的编码套管必须齐全，每一根导线的两端都必须套上编码套管。套管上的线号可用环乙酮与龙胆紫调合，不易褪色。在遇到 6 和 9 或 16 和 91 这类倒顺都能读数的号码时，必须作记号加以区别，以免造成线号混淆。导线颜色的规定见表 4-1。

③ 导线截面积的选择

对于负载为长期工作制的用电设备，其导线截面积按用电设备的额定电流来选择；当所选择的导线、电缆截面积大于 95mm^2 时，

表 4-1 电工成套装置中的导线颜色

导线工作区域	导线颜色
保护导线	黄绿双色
动力电路中的中性线和中间线	浅蓝色
交、直流动力电路	黑色
交流控制电路	红色
直流控制电路	蓝色
与保护导线连接的控制电路	白色
与电网直接连接的联锁电路	橘黄色

宜改为用两根截面积小的导线代替;导线、电缆截面积选择后应满足允许温升及机械强度要求;移动设备的橡套电缆铜芯截面积不应小于 $2.5mm^2$;明敷时,铜芯线截面积不应小于 $1mm^2$,铝芯线截面积不应小于 $2.5mm^2$(穿管敷设与明敷相同);动力电路铜芯线截面积不应小于 $1.5mm^2$;铜芯导线可与大一级截面积的铝芯线相同使用。

对于绕线转子电动机转子回路导线截面积的选择可按以下原则:

a. 转子电刷短接。负载启动转矩不超过额定转矩 50% 时,按转子额定电流的 35% 选择截面积;在其他情况下,按转子额定电流的 50% 选择。

b. 转子电刷不短接。按转子额定电流选择截面积。转子的额定电流和导线的允许电流,均按电动机的工作制确定。

④ 导线允许电流的计算

a. 反复短时工作制的周期时间 $T \leqslant 10min$、工作时间 $t_G \leqslant 4min$ 时,导线或电缆的允许电流按下列情况确定:

截面积小于或等于 $6mm^2$ 的铜线以及截面积小于或等于 $10mm^2$ 的铝芯线,其允许电流按长期工作制计算。

截面积大于 $6mm^2$ 的铜芯线以及截面积大于 $10mm^2$ 的铝芯线,其允许电流等于长期工作制允许电流乘以系数 $0.875/\sqrt{\varepsilon}$。ε 为用电设备的额定相对接通率(暂载率)。

b. 短时工作制的工作时间 $t_G \leqslant 4min$,并且停歇时间内导线或电缆能冷却到周围环境温度时,导线或电缆的允许电流按反复短时工作制确定。当工作时间超过 4min 或停歇时间不足以使导线、电缆冷却到环境温度时，则导线、电缆的允许电流按长期工作制确定。

⑤ 线管选择

线管选择主要是指线管类型和直径的选择。

a. 根据敷设场所选择线管的类型。潮湿和有腐蚀气体的场所内明敷或埋地，一般采用管壁较厚的白铁管，又称水煤气管；干燥场所内明敷或暗敷，一般采用管壁较薄的电线管；腐蚀性较大的场所内明敷或暗敷，一般采用硬塑料管。

b. 根据穿管导线截面积和根数选择线管的直径。一般要求穿管导线的总截面积（包括绝缘层）不应超过线管内径截面积的40%。白铁管和电线管的管径可根据穿管导线的截面积和根数选择，见表 4-2。

表 4-2 白铁管和电线管的管径选择

导线截面积 /mm²	铁管的标称直径(内径)/mm					电线管的标称直径(外径)/mm				
	穿导线根数									
	二根	三根	四根	六根	九根	二根	三根	四根	六根	九根
16	25	25	32	38	51	25	32	32	38	51
20	25	32	32	51	64	25	32	38	51	64
25	32	32	38	51	61	32	38	38	51	64
35	32	38	51	51	64	32	38	51	65	64
50	38	51	51	64	76	38	51	64	64	76

⑥ 导线共管敷设原则

a. 同一设备或生产上互相联系的各设备的所有导线（动力线或控制线）可共管敷设。

b. 有联锁关系的电力及控制电路导线可共管敷设。

c. 各种电机、电器及用电设备的信号、测量和控制电路导线可共管敷设。

d. 同一照明方式（工作照明或事故照明）的不同支线可共管敷设，但一根管内的导线数不宜超过八根。

e. 工作照明与事故照明的电路不得共管敷设。

f. 互为备用的电路不得共管敷设。

g. 若控制线与动力线共管，当电路较长或弯头较多时，控制线的截面积应不小于动力线截面积的 10%。

⑦ 导线连接的步骤

分析电气元件之间导线连接的走向和路径，选择合理的走向。根据走向和路径及连接点之间的长度，选择合适的导线长度，并将导线的转弯处弯成 90°角。用电工工具剥除导线端子处的绝缘层，套上导线的编码套管，压上冷压端子，按电气安装接线图接入接线端子并拧紧压紧螺钉。按布线的工艺要求布线，所有导线连接完毕之后进行整理。做到横平竖直，导线之间没有交叉、重叠且相互平行。

（2）电气控制柜（箱或板）的配线

① 配线时注意事项

配线时一般注意事项总结如下：

a. 根据负载的大小、配线方式及电路的不同选择导线的规格、型号，并考虑导线的走向。

b. 从主电路开始配线，然后再对控制电路配线。

c. 具体配线时应满足每种配线方式的具体要求及注意事项。

d. 导线的敷设不应妨碍电气元件的拆卸。

e. 配线完成之后应根据各种图样再次检查是否正确无误。若没有错误，将各种紧压件压紧。

② 板前配线

板前配线又称明配线，适用于电气元件较少、电气电路比较简单的设备。这种配线方式导线的走向较清晰，对于安全维修及故障的检查较方便。配线时应注意以下几条：

a. 连接导线一般选用 BV 型的单股塑料硬线。

b. 导线和接线端子应保证可靠的电气连接，线端应该压上冷压端子。对不同截面积的导线在同一接线端子连接时，大截面积在下，小截面积在上，且每个接线端子原则上不超过两根导线。

c. 电路应整齐美观、横平竖直。导线之间不交叉、不重叠，转弯处应为直角，成束的导线用线束固定。导线的敷设不影响电气元件的拆卸。

③ 板后配线

板后配线又称暗配线。这种配线方式的板面整齐美观且配线速度快。采用这种配线方式应注意以下几个方面：

a. 配电盘固定时，应使安装电气元件的一面朝向控制柜门，便于检查和维修。安装板与安装面要留有一定的余地。

b. 板前与电气元件的连接线应接触可靠，穿板的导线应与板面垂直。

c. 电气元件安装孔、导线穿线孔的位置应该准确，孔的大小应合适。

④ 线槽配线

该方式综合了明配线和暗配线的优点。线槽配线方式适用于电气电路较复杂、电气元件较多的设备，不仅安装、检查维修方便且整个板面整齐美观，是目前使用较广的一种接线方式。线槽一般由槽底和盖板组成，其两侧留有导线的进出口，槽中容纳导线（多采用多股软导线作连接导线），视线槽的长短用螺钉固定在底板上。采用这种配线方式应注意以下几个方面：

a. 用线槽配线时，线槽装线不要超过线槽容积的 70%，以便安装和维修。

b. 线槽外部的配线，对装在可拆卸门上的电气接线必须采用互连端子板或连接器，它们必须牢固固定在框架、控制箱或门上。

对于内部配线而言，从外部控制电路、信号电路进入控制箱内的导线超过 10 根时，必须用端子板或连接器过渡，但动力电路和测量电路的导线可以直接接到电器的端子上。

⑤ 线管配线

a. 尽量取最短距离敷设线管，管路尽量少弯曲，若不得不弯曲，其弯曲半径不应小于线管外径的 6 倍。若只有一个弯曲，可减至 4 倍。敷设在混凝土内的线管，弯曲半径不应小于外径的 10 倍。管子弯曲后不得有裂缝、凹凸等缺陷，弯曲角度不应小于 90°，椭圆度不应大于 10%。若管路引出地面，离地面应有一定的高度，一般不小于 0.2m。

b. 明敷线管时，布置应横平竖直、排列整齐美观。对于电线管的弯曲处及长管路，一般每隔 0.8～1m 用管夹固定。多排线管弯曲度应保持一致。埋设的线管与明设的线管的连接处，应装设接线盒。

c. 根据使用的场合、导线截面积和导线根数选择线管类型和管径，且管内应留有 40％的余地。对同一电压等级或同一回路的导线允许穿在同一线管内。管内的导线不准有接头，也不准有绝缘破损之后修补的导线。

d. 线管埋入混凝土内敷设时，管子外径不应超过混凝土厚度的 1/2，管子与混凝土模板间应有 20mm 间距。并列敷设在混凝土内的管子，应保证管子外皮相互间有 20mm 以上的间距。

e. 线管穿线前，应使用压力约为 0.25Pa 的压缩空气，将管内的残留水分和杂物吹净，也可在铁丝上绑以抹布，在管内来回拉动，使杂物和积水清除干净，然后向管内吹入滑石粉；对于较长的管路穿线时，可以采用直径 1.2mm 的钢丝作引线，送线时需两人配合送线，一人送线，一人拉铁丝，拉力不可过大，以保证顺利穿线。放线时应量好长度，用手或放线架逆着导线在线轴上绕，使线盘旋转，将导线放开。应防止导线扭动、打扣或互相缠绕。

f. 线管应可靠保护接地和接零。

⑥ 金属软管配线

a. 金属软管只适用于电气设备与铁管之间的连接或铁管施工有困难的个别线段。金属软管的两端应配置管接头，每隔 0.5m 处应有弧形管夹固定，而中间引线时采用分线盒。

b. 金属管口不得有毛刺。在导线与管口接触处，应套上橡皮或塑料管套，以防止导线绝缘损伤。管中导线不得有接头，并不得承受拉力。

(3) 电路的调试方法

① 通电前检查

安装完毕的每个控制柜或电路板，必须经过认真检查后才能通电试车，以防止错接、漏接造成不能实现控制功能或短路事故。检查内容有：

a. 按电气原理图或电气接线图从电源端开始，逐段核对接线及接线端子处线号。重点检查主电路有无漏接、错接及控制电路中有无容易接错之处。检查导线压接是否牢固，接触是否良好，以免带负载运转时产生打弧现象。

b. 用万用表检查电路的通断情况。可首先断开控制电路，用电阻挡检查主电路有无短路现象；然后断开主电路，检查控制电路有无开路或短路现象，自锁、联锁装置的动作及可靠性。

c. 用兆欧表对电动机和连接导线进行绝缘电阻检查。用兆欧表检查，应分别符合各自的绝缘电阻要求，如连接导线的绝缘电阻不小于 7MΩ，电动机的绝缘电阻不小于 0.5MΩ 等。

d. 检查时要求各开关按钮、行程开关等电器元件应处于原始位置，调速装置的手柄应处于最低速位置。

② 试车

为保证人身安全，在通电试运转时，应认真执行安全操作规程的有关规定，一人监护，一人操作。试运转前应检查与通电试运转有关的电气设备是否有不安全的因素存在，查出后应立即整改，方能试运转。

通电试运转的顺序如下：

a. 空操作试车。断开主电路，接通电源开关，使控制电路空操作，检查控制电路的工作情况，如按钮对继电器、接触器的控制作用；自锁、联锁的功能；急停器件的动作；行程开关的控制作用；时间继电器的延时时间，观察电器元件动作是否灵活、有无卡阻及噪声过大等现象，有无异味。如有异常，立刻切断电源开关检查原因。

b. 空载试车。若第一步通过，接通主电路即可进行空载试车。首先点动检查电动机的转向及转速是否符合要求；然后调整好保护电器的整定值，检查指示信号和照明灯的完好性等。

c. 负载试车。第一步和第二步经反复几次操作均正常后，才可进行带负载试车。此时，在正常的工作条件下，验证电器设备所有部分运行的正确性，特别是验证在电源中断和恢复时对人身和设备的伤害、损坏程度。此时进一步观察机械动作和电器元件的动作是否符合工艺要求；进一步调整行程开关的位置及挡块的位置，对各种电器元件的整定数值进行调整。

③ 试车的注意事项

调试人员在调试前必须熟悉生产机械的结构、操作规程和电气系统的工作要求；通电时，先接通主电源；通电后，注意观察各种现象，随时做好停车准备，以防止意外事故发生。如有异常，应立即停车，待查明原因之后再继续进行，未查明原因不得强行送电。

4.2.2 按钮联锁正反向启动控制电路安装示例

(1) 熟悉电路原理

如图 4-40 所示，合上 QS，按下 SB$_2$，接触器 KM$_1$ 线圈得电吸合并自锁，主触点 KM$_1$ 闭合，电动机正转运行，SB$_2$ 其动断触点断开，使 KM$_2$ 线圈不能得电。反转时，按下 SB$_3$ 按钮，KM$_2$ 的动合触点闭合，接触器 KM$_2$ 线圈得电吸合并自锁，主触点 KM$_2$ 闭合，电动机反转。

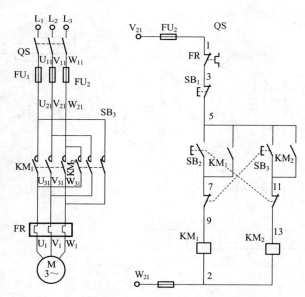

图 4-40 按钮联锁正反向启动控制电路

(2) 配电板的选材与制作

电气安装图如图 4-41 所示。配电板可用厚 2.5～5mm 钢板制作，上面覆盖一张 1mm 左右的酚醛层压板，也可以将钢板涂以防锈漆。先将所有的元器件备齐，在桌面上将这些元器件进行模拟排列。元器件布局要合理，总的原则是力求连接导线短，各元器件排列的顺序应符合其动作规律。钢板要求无毛刺并倒角，四边呈 90° 角，表面平整。用划针在底板上画出元器件的装配孔位置，然后拿开所有的元器件。核对每一个元器件的安装孔尺寸，然后钻中心孔、钻孔、攻螺纹，最后刷漆。

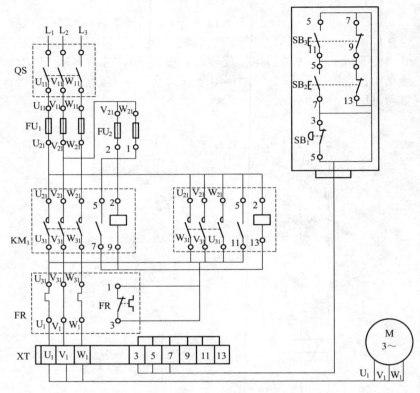

图 4-41　按钮联锁正反向启动控制电路电气安装图

（3）元器件的安装

要求元器件与底板保持横平竖直，所有元器件在底板上要固定牢固，不得有松动现象。安装接触器时，要求散热孔朝上。

（4）主电路的安装

主电路的连接线按图样要求的导线规格进行接线。

a. 连接电源端 U_{11}、V_{11}、W_{11} 与熔断器 FU_1 和接触器 KM_1 之间的导线。

b. 连接 KM_1、KM_2 与热继电器 FR 之间的导线。

c. 连接热继电器 FR 与端子 U_1、V_1、W_1 之间的导线。

d. 连接端子 U_1、V_1、W_1 与电动机 M 之间的导线。

（5）控制电路的连接

控制电路一般采用 $1mm^2$ 的单股塑料铜芯线。

a. 连接熔断器 FU_2 与热继电器 FR 之间的导线。

b. 连接热继电器 FR 与端子 XT 之间的导线。

c. 连接接触器 KM_1 的辅助触点与端子 XT 和线圈 KM_1 的导线。

d. 同样连接 KM_2 与端子 XT 之间的导线。

e. 连接端子与按钮之间的导线。

连接结束后，对照接线图，检查主电路和控制电路，检查布线是否合理、正确，所有接线螺钉是否拧紧、牢固，导线是否平直、整齐。

（6）按钮联锁正反向启动控制电路的调试

① 试车前的准备工作

准备好与按钮联锁正反向启动控制电路有关的图样，安装、使用以及维修调试的说明书；准备电工工具、兆欧表、万用表和钳形电流表，参照原理图 4-40 对电器元件进行检查，具体内容如下：

a. 测量三台电动机绕组间和对地绝缘电阻是否大于 $0.5M\Omega$，否则要进行浸漆烘干处理；测量电路对地电阻是否大于 $7M\Omega$；检查电动机是否转动灵活，轴承有无缺油等异常现象。

b. 检查低压断路器、熔断器是否和电器元件表一致，热继电器整定值调整是否合理。

c. 检查主电路和控制电路所有电器元件是否完好，动作是否灵活；有无接错、掉线、漏接和螺钉松动现象；接地系统是否可靠。

② 控制电路的试车

首先空操作试车，将电动机 M 接线端的接线断开，并包好绝缘。

a. 接通低压隔离开关 QS，测试熔断器 FU_1 前后有无 380V 电压。

b. 测试控制变压器一次侧和二次侧的电压是否分别为 380V、6V、24V 和 110V，再测试控制电路 FU_2 前后电压是否为 220V，观察指示灯 HL 是否亮。

c. 按下电动机 M 的启动按钮 SB_2，接触器线圈 KM_1 得电吸合，观察 KM_1 主触点是否正常吸合，同时测试 U_1、V_1 和 W_1 之间有无正常的 380V 电压。按下停车按钮 SB_1，线圈 KM_1 失电释放，同时 U_1、V_1 和 W_1 之间应该无电压，接触器无异常响声。

d. 按照 c. 的方法按下 SB_3，测试接触器 KM_2 工作情况。

③ 主电路的试车

首先空载试车。接通电动机 M 与端子 U_1、V_1、W_1 之间的连线。按控制电路操作中第三、四项的顺序操作，观察电动机 M 运转是否正常。需要注意以下内容：

a. 观察电动机旋转方向是否与工艺要求相同，测试电动机空载电流是否正常。

b. 经过一段时间试运行，观察电动机有无异常响声、异味、冒烟、振动和温升过高等异常现象。

以上都没有问题，这时电动机带上机械负载，再按控制电路操作中第三、四项的顺序操作，测试能否满足工艺要求而动作，并按最大负载运转，检查电动机电流是否超过额定值等。再按上述两项的内容检查电动机。以上测试完毕全部合格后，才能投入使用。

4.3 三相异步电动机控制电路的维修

4.3.1 三相异步电动机控制电路的故障判断步骤

（1）细读电气原理图

电动机的控制电路是由一些电器元件按一定的控制关系连接而成的，这种控制关系反映在电气原理图上。为顺利地安装接线、检查调试和排除电路故障，必须认真阅读原理图。要看懂电路中各电器元件之间的控制关系及连接顺序，分析电路控制动作，以便确定检查电路的步骤与方法。此外，还要明确电器元件的数目、种类和规格。对于比较复杂的电路，还应看懂是由哪些基本环节组成的，分析这些环节之间的逻辑关系。

（2）熟悉安装接线图

原理图是为了方便阅读和分析控制原理而用"展开法"绘制的，并不反映电器元件的结构、体积和实现的安装位置。为了具体安装接线、检查电路和排除故障，必须根据原理图查阅安装接线图。安装接线图中各电器元件的图形符号及文字符号必须与原理图核对，在查阅中作好记录，减少工作失误。

（3）电器元件的检查

a. 电器元件外观是否整洁，外壳有无破裂，零部件是否齐全，各接线端子及紧固件有无缺损、锈蚀等现象。

b. 电器元件的触点有无熔焊粘连变形、有无氧化锈蚀等现象，触点闭合分断动作是否灵活，触点开距、超程是否符合要求，压力弹簧是否正常。

c. 电器的电磁机构和传动部件的运动是否灵活，衔铁有无卡住，吸合位置是否正常等。使用前应清除铁芯端面的防锈油。

d. 用万用表检查所有电磁线圈的通断情况。

e. 检查有延时作用的电器元件功能，如时间继电器的延时动作、延时范围及整定机构的作用；检查热继电器的热元件和触点的动作情况。

f. 核对各电器元件的规格与图样要求是否一致。

（4）电路的检查

a. 核对接线。对照原理图、接线图，从电源端开始逐段核对端子接线线号，排除错接线和漏接线现象，重点检查控制电路中容易错接线的线号，还应核对同一导线两端线号是否一致。

b. 检查端子接线是否牢固。检查端子上所有接线压接是否牢固，接触是否良好，不允许有松动、脱落现象，以免通电试车时因导线虚接造成故障。

c. 用万用表检查。在控制电路不通电时，用手动来模拟电器的操作动作，用万用表测量电路的通断情况。应根据控制电路的动作来确定检查步骤和内容；根据原理图和接线图选择测量点，先断开控制电路检查主电路，再断开主电路检查控制电路。主要检查以下内容：

● 主电路不带负荷（即电动机）时相间绝缘情况，接触器主触点接触的可靠性，正反转控制电路的电源换相电路和热继电器、热元件是否良好，动作是否正常等。

● 控制电路的各环节及自保、联锁装置的动作情况及可靠性，设备的运动部件、联动元器件动作的正确性及可靠性，保护电器动作准确性等。

（5）试车

a. 空操作试验。装好控制电路中熔断器熔体，不接主电路负载，试验控制电路的动作是否可靠，接触器动作是否正常，检查接触器自保、联锁控制是否可靠；用绝缘棒操作行程开关，检查其行程及限位控制是否可靠；观察各电器动作灵活性，注意有无卡住现象；细听各电器动作时有无过大的噪声；检查线圈有过热及异常气味。

b. 带负载试车。控制电路经过数次操作试验动作无误后，即可断开电源，接通主电路带负载试车。电动机启动前应先准备好停车准备，启动后要注意电动机运行是否正常。若发现电动机启动困难、发出噪声、电动机过热、电流表指示不正常等，应立即停车断开电源进行检查。

c. 有些电路的控制动作需要调试，如定时运转电路的运行和间隔的间、Y-△启动控制电路的转换时间、反接制动控制电路的终止速度等。

4.3.2 三相异步电动机控制电路的故障判断方法

（1）试电笔法

试电笔检查断路故障的方法如图 4-42 所示。

按下按钮 SB_2，用试电笔依次测试①、②、③、④、⑤各点，测量到哪一点试电笔不亮即为断路处。

测试注意事项如下：

a. 当对一端接地的 220V 电路进行测量时，要从电源侧开始依次测量，且要注意观察试电笔的亮度，防止因外部电场、泄漏电流引起氖管发亮，而误认为电路没有断路。

b. 当检查 380V 并有变压器控制电路中的熔断器是否熔断时，要防止电源电压通过另一相熔断器和变压器一次绕组回到已熔断熔断器的出线端，造成熔断器未熔断的假象。

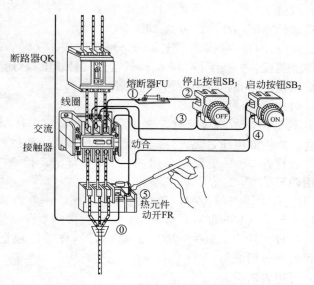

图 4-42　试电笔检查断路故障

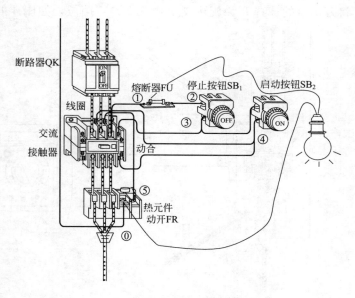

图 4-43　校灯法检查断路故障

（2）校灯法

校灯法检查断路故障的方法如图 4-43 所示。

检查时将校灯一端接在①上；另一端依次按①、②、③、④、⑤次序逐点测试，并按下按钮 SB_2。若接到②号线上校灯亮，而接到③号线上校灯不亮，说明按钮 SB_1 断路。

测试时注意事项如下：

a. 用校灯检查断路故障时，应注意灯泡的额定电压与被测电压相配合。如被测电压过高，灯泡易烧坏；如被测电压过低，灯泡不亮。一般检查 220V 电路时，用一只 220V 灯泡；检查 380V 电路时，用两只 220V 灯泡串联。

b. 用校灯法检查故障时，要注意灯泡功率，一般查找断路故障时使用小容量（10~60W）灯泡为宜；查找接触不良而引起的故障时，要用较大功率（150~200W）灯泡，这样就能根据灯泡的亮、暗程度来分析故障。

（3）万用表法

① 电压分段测量法

将万用表的选择开关旋到交流电压 500V 挡位，如图 4-44 所

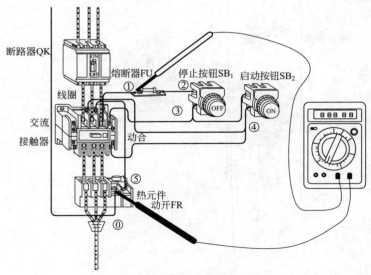

图 4-44 电压分段法检查断路故障

示。检查时，可首先测试①-⓪两点间电压，若为 220V，说明电源正常；然后按下 SB₂，KM₁ 线圈不吸合，说明有断路故障，这时按下 SB₂，用万用表逐段测试相邻线号①-②、②-③、③-④、④-⑤间的电压。当测量到某相邻两点间的电压为 220V 时，说明这两点间有断路现象。

② 电阻分阶测量法

首先断开电源，按下 SB₂ 不放，用万用表的电阻挡测量①-⓪两点间的电阻，若电阻为无穷大，说明①-⓪之间电路断路。然后分别测量①-②、①-③、①-④、①-⑤各点之间的电阻值，如图 4-45 所示。若某点电阻值为 0，说明电路正常；若测量到某线号之间的电阻值为无穷大，说明该触点或连接导线有断路故障。

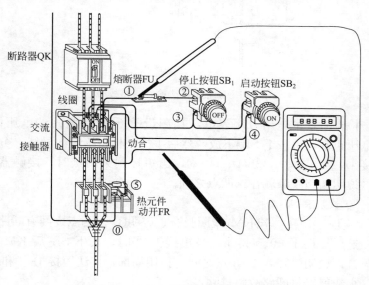

图 4-45　电阻分阶法检查断路故障

(4) 短接法

短接法是利用一根导线，将所怀疑断路的部位短接，如图 4-46 所示。若短接过程中电路被接通，则说明该处断路。短接法有局部短接法和长短接法两种。

① 局部短接法

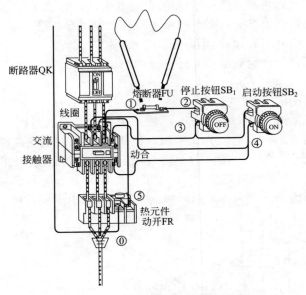

图 4-46　局部短接法检查断路故障

检查时，可先用万用表电压挡测量①-⓪两点之间的电压值，如电压正常，可按下 SB₂ 不放，然后手持一根带绝缘的导线，分别短接①-②、②-③、③-④、④-⑤，当短接到某两点时，接触器吸合，说明断路故障就在这两点之间。

② 长短接法

将①-⓪短接，若 KM₁ 线圈吸合，说明①-⓪两点之间有断路故障，然后短接①-③、③-⑤，当短接①-③时，按下 SB₂ 后 KM₁ 线圈吸合，说明故障在①-③点之间，再用局部短接法短接①-②和②-③，很快就能将断路故障排除。

检查注意事项如下：

a. 由于短接法是用手拿着绝缘导线进行带电操作的，因此一定要注意安全，以免发生触电事故。

b. 短接法只适用于检查压降极小的导线和触点之间的断路故障。对于压降较大的电器，如电阻、接触器和继电器线圈、绕组等断路故障，不能采用短接法，否则就会出现短路故障。

c. 对于机床的某些重要部位，必须在确保电气设备或机械部位不会出现事故的情况下，才能采用短接法。

4.3.3 行程开关控制三相异步电动机正反转电路的故障判断

（1）读行程开关控制三相异步电动机正反转电路图

① 原理图（见图 4-47）

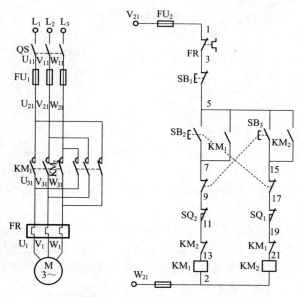

图 4-47 行程开关控制正反转电路

该电路在双重联锁的正反向控制电路上，增加两个行程开关 SQ_1、SQ_2。主电路与正反向控制电路相同，在控制电路中，在每个接触器线圈回路里又串入一个行程开关，而行程开关安装在被电动机拖动部件的停止位置。由于部件上装的挡块操作，当电动机向某一个方向旋转，拖动设备的运动部件到达停止位置时，挡块将把行程开关打开断电，其动断触点分断，使该转向的接触器断电释放，电动机停止转动。即便操作者错误按下这一方向的启动按钮，电路也不会再通，只有操作反向按钮，使电动机反转拖带运动部件返回。

② 原理分析

合上 QS，按下 SB₁，接触器 KM₁ 线圈得电吸合并自锁，主触点 KM₁ 闭合，电动机正转运行，其动断辅助触点 KM₁ 断开，使 KM₂ 线圈不能得电。挡铁碰触行程开关 SQ₁ 时电动机停转。中途需要反转时，先按下 SB₁，再按下 SB₂。反向原理与正向原理相同。

（2）熟悉安装接线图

电路中的隔离开关 QS、两组熔断器 FU₁ 和 FU₂ 及交流接触器 KM₁ 和 KM₂，控制按钮 SB₁～SB₃、行程开关 SQ₁ 和 SQ₂ 以及电动 M 通过接线端子板 XT 与电器连接。与原理图核对线号和符号，如图 4-48 所示。

（3）电路的检查和测量

a. 认真对照原理图、接线图，重点检查 KM₁、KM₂ 主电路之间的换相线，控制电路中的按钮线，与线圈自保持联锁及限位开关辅助触点之间的连接，应注意每一对触点上下端子的接线有无颠倒，导线的线号应正确无误。

b. 检查各接线端子处的导线压接紧固情况，防止接触不良现象。

c. 主电路检查。分别按下接触器 KM₁、KM₂ 触点，检查动断辅助触点应断开、动合辅助触点应闭合，测量接触器线圈电阻。

d. 将万用表两个表笔分别接到 V₂₁、W₂₁ 处测量以下控制电路（万用表置于 R×1 挡上）：

● 自保电路。分别按下 KM₁、KM₂ 触点，应测得 KM₁、KM₂ 的线圈电阻值，再按下 SB₁，使万用表显示由通而断。若发现异常，重点检查接触器自保线相互接错位置，将动断触点误接成自保线的动合触点使用，使控制电路动作不正常。

● 启动和停止控制电路。分别按下 KM₁、KM₂ 触点，应测得 KM₁、KM₂ 的线圈电阻值，再按下 SB₁，使万用表显示由通而断。

● 按钮联锁电路。按下 SB₂，测得 KM₁ 线圈电阻值后，再按下 SB₃，万用表显示由通而断。同样先按下 SB₃，再按下 SB₂，测得结果与按 KM₁ 时相同。如发现异常现象，重点检查按钮盒 SB₁、SB₂、SB₃ 之间的连线，按钮引出的护套线与接线端子板 XT 的连

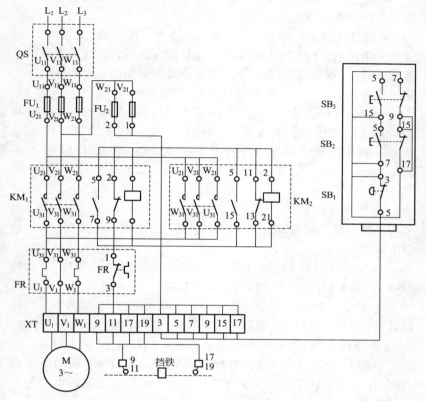

图 4-48　行程开关控制三相异步电动机正反转电路接线图

线无接错。

　　● 辅助触点联锁电路。按住 SB$_2$，按下 KM$_1$ 触点架测出其
线圈电阻值后，再按下 KM$_2$ 触点架，使万用表显示由通而断。
同样方法检查 KM$_2$ 电路。若将 KM$_1$ 和 KM$_2$ 触点同时按下，
万用表显示为断路无指示。若发现异常现象，重点检查接触器
动断触点与相反转向接触器线圈的连线。常见联锁电路的错误
接线有：将动合辅助触点错接成联锁电路中的动断辅助触点；
把接触器的联锁线错接到同一接触器的线圈端子上使用，引起
联锁控制电路动作不正常。

● 检查停车控制。按下停止按钮 SB_1，应测得控制电路由通而断，否则检查按钮盒内接线是否错误。

● 检查过载保护环节。取下热继电器盖，按下 SB_2，测得 KM_1 线圈电阻值后，同时左右扳动热元件自由端，听到热继电器动断触点分断动作的声音时，万用表应显示出动断辅助触点由通而断，否则应检查热继电器的动作及连接线并排除故障。

● 一切动作正常后，先按下 KM_1 触点，测出 KM_1 线圈电阻值后，再按下行程开关 SQ_1 的滚轮，使万用表显示电路由通而断。再用同样方法检查测量行程开关 SQ_2 对 KM_2 线圈的控制作用。

（4）试车

① 空操作试验

拆掉电动机的连接线 U_1、V_1、W_1。合上电源开关 QS 后，做以下试验：

a. 检查正反向启动、自保、联锁控制电路。交替按下 SB_2、SB_3，观察 KM_1、控制动作情况是否可靠。

b. 检查辅助触点联锁。按下 SB_2，KM_1 线圈得电动作并自保持，再按 SB_3，KM_1 立即释放后，KM_2 线圈得电动作并自保持。KM_1 动断触点对 KM_2 线圈有联锁作用，同样按下 SB_2，KM_2 动作，再按下 SB_2，KM_2 动作释放后 KM_1 动作，KM_2 的动断触点对 KM_1 线圈有联锁作用。反复操作几次，重点检查联锁电路工作的可靠性。

c. 一切正常后，再按下 SB_2 使 KM_1 得电动作，然后按下行程开关 SQ_1 的滚轮，使其动断触点断开，KM_1 得电释放。用同样方法检查 SQ_2 对 KM_2 的控制作用。反复操作几次，检查行程开关 SQ_1、SQ_2 对 KM_1、KM_2 动作的可靠性。

② 带负载试车

首先断开电源拉开 QS，装好灭弧罩，恢复电动机的连线，将 U_1、V_1、W_1 接好，再合上 QS 并做好立即停车的准备，必须在两人以上监护下进行。

a. 检查电动机的转向，按下 SB_2，电动机拖动设备上的运动部件开始移动，如果向 SQ_1 方向移动，则说明正确；如果向 SQ_2

方向移动，应立即停车，断电后改换三相电源的相序。否则限位控制电路不起作用，运动部件越过规定位置继续移动，将会造成机械事故。按下 SB_3，电动机反向运动，检查 KM_2 改变相序和限位作用。

b. 检查行程开关的限位作用，做好立即停车的准备，启动电动机拖动设备正向转动，当部件移到规定位置附近时，应注意挡块与行程开关 SQ_1 滚轮的相对位置。SQ_1 被挡块操作后，电动机应立即停止。按下反向启动按钮 SB_3 时，电动机应反向拖带运动部件返回。若挡块安装过高或过低，行程开关不能起控制电动机的作用，应立即停车做好检查调整工作。

c. 反复操作几次，观察电路的动作和限位开关控制的可靠性。

第**5**章

⚡ **电缆敷设**

5.1 电缆直埋敷设

5.1.1 挖电缆沟

a. 挖电缆沟时应按设计图样用白灰在地面上划出电缆行进的线路和沟的宽度，并考虑电缆沟的弯曲半径应满足电缆弯曲半径的要求。沟深在 0.8m 以上，沟宽视电缆的根数而定，单根电缆一般为 400～500mm，两根电缆为 600mm 左右，10kV 以下电缆相互的间隔应保证在 100mm 以上，每增加一根电缆，沟宽加大 170～180mm。电缆沟的横断面呈上宽（比底约宽 200mm）下窄形状，如图 5-1 所示。

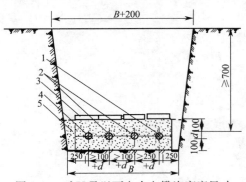

图 5-1　35kV 及以下电力电缆沟宽度尺寸

1—35kV 及以下电缆；2—10kV 以下电缆；3—保护板；4—控制电缆；5—细沙或软土

b. 在电缆穿越农田时，电缆沟沟深不应小于1m。在引入建筑物、与地下建筑物交叉及绕过地下建筑物处可浅埋，但应采取保护措施。

c. 电缆接头的两端以及引入建筑物和引上电杆处，要挖出备用电缆余留坑。

d. 挖电缆沟时，如遇坚硬石块、砖块和含有酸碱等腐蚀性物质的土壤，则应清除掉，调换无腐蚀性的松软土质。

e. 当电缆沟全部挖完后将沟底应平整，清除石块后夯实。

5.1.2 直埋电缆敷设工艺

a. 直埋电缆敷设前，应在铺平夯实的电缆沟先铺一层100mm厚的细沙或软土，作为电缆的垫层。若土壤中含有酸或碱等腐蚀性物质，则不应做电缆垫层。

b. 埋地敷设的电缆在接头盒的部位下面，必须垫混凝土基础板，其长度应伸出接头保护盒两侧各 0.6～0.7m。

c. 电缆在垫层上敷设后，电缆表面距自然地面的距离不应小于 0.7m，穿越农田时不应小于1m。

d. 埋地敷设的电缆长度，应比电缆沟长 1.5%～2%，并做波状敷设。电缆在终端头附近与接头附近应留有备用长度，其两端长度不宜小于 1～1.5m。

e. 电缆沿坡度敷设时，中间接头应保持水平。多根电缆并列敷设时，中间接头的位置应互相错开，其净距不应小于0.5m。

f. 电缆放好后，上面应盖一层100mm 的细沙或软土，并应当及时加盖保护板，防止外力损伤电缆。覆盖保护板的宽度应超过电缆两侧各50mm，如图 5-2 所示。

g. 直埋电缆回填土前，应经隐蔽工程验收合格。对电缆的埋深、走向、坐标、起止及埋入方法等作好隐蔽工程记录。电缆沟应分层夯实，覆土要高出地面 150～200mm，以备松土沉陷。

h. 直埋电缆在拐弯、接头、终端和进出建筑物等地段，应装设明显的方位标志。注明线路编号、电压等级、电缆型号和截面积、起止地点、线路长度等内容，以便维修。直线段每隔 50～100m 处应适当增设标桩，标桩的加工与埋设方法如图 5-3 所示。

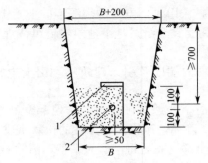

图 5-2 电缆保护板做法
1—保护板；2—电缆

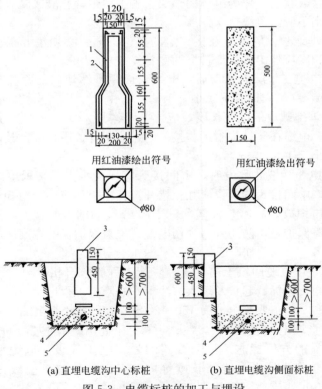

用红油漆绘出符号

用红油漆绘出符号

(a) 直埋电缆沟中心标桩　　　　(b) 直埋电缆沟侧面标桩

图 5-3 电缆标桩的加工与埋设

1—箍筋 $\phi4$；2—主筋 $4\times\phi6$；3—电缆标志桩；4—保护板；5—电缆

5.1.3 电缆的敷设方法

（1）电缆敷设允许最低温度

电缆敷设允许的最低温度，即在敷设前24h内的平均温度以及电缆敷设现场的温度应不低于表5-1的规定；当温度低于规定时，应采取措施，可将电缆预先加热。加热的方法有两种。

表 5-1 电缆敷设允许最低温度

电缆类型	电缆结构	允许最低温度/℃
橡皮绝缘电缆	橡皮或聚氯乙烯护套	−15
	裸铅套	−20
	铅护套钢带铠装	−7
塑料绝缘电缆		0
控制电缆	耐寒护套	−20
	橡皮绝缘聚氯乙烯护套	−15
	聚氯乙烯绝缘聚氯乙烯护套	−10

a. 将电缆放在暖室里，用热风机或电炉及其他方法提高温度，对电缆进行加热。但这种方法需要时间较长，温度为25℃时需24～48h，在40℃时需18h左右。有条件时可将电缆放在烘房内加热4h之后即可敷设。

b. 电流加热法。将电缆线芯通入电流，使电缆本身发热。电流加热设备可采用小容量三相低压变压器。

在电缆加热过程中，要经常测量电流和电缆的表面温度，电缆表面温度不应超过以下数值：3kV及以下电缆为40℃，6～10kV电缆为35℃，20～35kV电缆为25℃。

（2）电缆展放

a. 电缆从电缆线盘展放出来常用的方法有人工展放和机械牵引展放两种。无论采用哪种展放方法，都得先将电缆稳妥地架设在放线架上。架设电缆线盘时，将电缆线盘按线盘上的箭头方向滚至预定地点，再将钢轴穿于线盘轴孔中，钢轴的强度和长度应与电缆线盘质量和宽度相配合，使线盘能活动自如。钢轴穿好后用千斤顶将线盘顶起架设在放线架上。

电缆线盘的高度离开地面应为50～100mm，能自由转动，并使钢轴保持平衡，防止线盘在转动时向一端移动。放电缆时，电缆端头应从线盘的上端放出，逐渐松开放在滚轮上，用人工或机械向前牵引。

　　b. 采用人力展放电缆时，应首先根据路径的长短，组织劳力由人扛着电缆沿沟走动展放。也可以站在沟中不走动，用手抬着电缆传递展放。当路径较长时，应将电缆放在滚轮上，用人力拉电缆，引导电缆沿着敷设路径向前移动，如图 5-4 所示。

图 5-4　人力牵引滚轮展放电缆示意图

　　c. 采用机械牵引展放电缆时，应首先在沟旁或沟底每隔 2～2.5m 处放好滚轮，将电缆放在滚轮上，使电缆牵引时不与支架或地面摩擦。滚轮的品种繁多，常用的滚轮如图 5-5 所示。

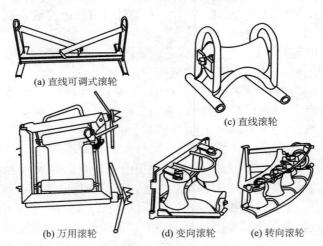

(a) 直线可调式滚轮

(c) 直线滚轮

(b) 万用滚轮　　(d) 变向滚轮　　(e) 转向滚轮

图 5-5　机械牵引展放电缆用的各种滚轮示意图

　　d. 采用机械牵引展放电缆时，要防止电缆因承受拉力过大而损伤。牵引动力主要由卷扬机提供，为保护电缆应装有测量拉力的装置，或当拉力达到预定极限值时可自行脱扣。

e. 当展放条件较好、电缆承受拉力较小时，可在电缆端部套一特制的钢丝网套来施放电缆，如图 5-6（a）所示。当电缆承受拉力较大时，则应在末端封焊牵引头，使线芯和铅包同时受力，如图5-6（b）所示。

　　f. 机械牵引展放电缆时，还应在牵引头或钢丝网套与牵引钢丝绳之间装设图 5-6（c）所示的防扭牵引头，以防电缆绞拧。

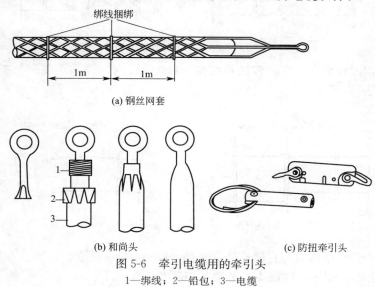

(a) 钢丝网套

(b) 和尚头　　　　　　　　　　　　　(c) 防扭牵引头

图 5-6　牵引电缆用的牵引头

1—绑线；2—铅包；3—电缆

　　机械牵引展放电缆时要慢慢牵引，速度不宜超过 15m/min。110kV 及以上电缆或在复杂路径上展放时，牵引速度应适当放慢。

　　g. 在复杂的条件下用机械牵引大截面电缆时，应进行施工组织设计，确定展放方法、线盘架设位置、电缆牵引方向、校对牵引力和侧压力、配备人员和机具等。

5.2 电缆桥架敷设

5.2.1 电缆支架、吊架的配置要求

　　a. 水平直线段支架、吊架的设置，宜使托盘、梯架接头连接点处于支、吊点与 1/4 跨距之间。在一个伸缩连接板每侧的

600mm 以内，应各装一个支、吊架，如图 5-7 所示。

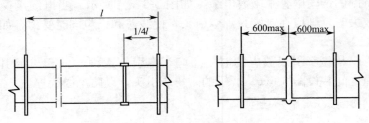

图 5-7　支、吊架配置方法 1

b. 在变宽、变高铰接板每侧 600mm 以内各设一个支、吊架，如图 5-8 所示。

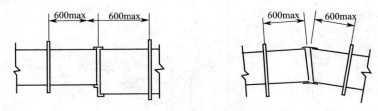

图 5-8　支、吊架配置方法 2

c. 水平弯通与直通连接端一侧 600mm 处应设支、吊架。在转弯角度 $\alpha/2$ 处，应设支、吊架，如图 5-9 所示。

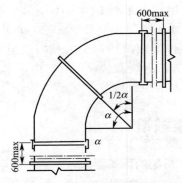

图 5-9　支、吊架配置方法 3

d. 在三通、四通与每个接口转弯半径尺寸的 2/3 处，应设置一个支、吊架，如图 5-10 所示。

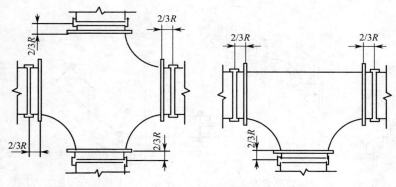

图 5-10　支、吊架配置方法 4

e. 在垂直活动连接两端 600mm 处应设支、吊架，如图 5-11 所示。

f. 在 $\alpha=60°$、$45°$、$30°$ 的上下弯通连接端，距 125mm 处，应设一个支、吊架，如图 5-12 所示。

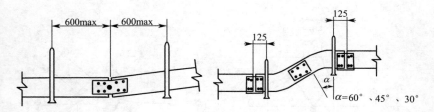

图 5-11　支、吊架配置方法 5　　　　图 5-12　支、吊架配置方法 6

g. 在 $\alpha=90°$ 的上下弯通与直通连接端，距 600mm 处，应设一个支、吊架。在上下弯通连接处也应设一个支、吊架，如图 5-13 所示。

h. 异形件安装尺寸如下：

● 水平弯通、水平异形件支架的位置应在该异形件两侧外缘 600mm 距离内，并在如下位置：90°弯通设在弧形的 45°点上、60°支架在弧形的 30°点上、45°支架在弧形的 22.5°点上（弯曲半径

$R=300\,\mathrm{mm}$ 者除外）、30°支架在弧形的 15°点上，如图 5-14 所示。

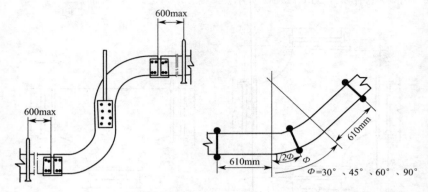

图 5-13　支、吊架配置方法 7　　　图 5-14　水平弯支架配置方法

● 对弯曲半径为 300mm 的水平三通距其三侧开口与其桥架连接处 600mm 范围内要设置支架；对所有其他弯曲半径的情况，在该三通本身的三侧，至少每侧设一个支架，如图 5-15 所示。

● 水平 Y 形弯通在三侧开口与其桥架连接处外的 600mm 范围内要设置支架，并侧向在圆弧的 22.5°处设支架，如图 5-16 所示。

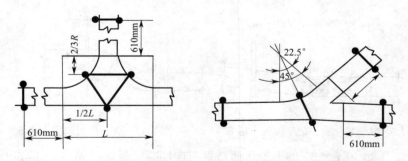

图 5-15　水平三通支架配置方法　　　图 5-16　水平弯通支架配置方法

● 对 300mm 弯曲半径的水平四通，在其四侧开口与其桥架连接处外 600mm 范围内要设置支架。在四通本身的四面，至少每侧设一个支架，如图 5-17 所示。

● 在大小头变径直通两侧外缘 600mm 范围内设置支架，如图 5-18 所示。

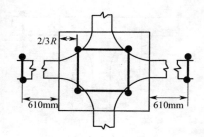

图 5-17 水平四通支架配置方法

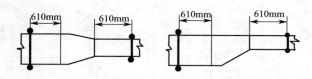

图 5-18 变径直通配置方法

● 应在垂直弯通上部弯曲处两端设支架，在中部弯曲处的上下两侧 600mm 范围内设置支架，如图 5-19 所示。

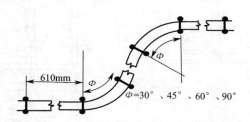

图 5-19 垂直弯支架配置方法（1）

● 在垂直三通距各侧外缘 600mm 范围内设置支架，如图 5-20 所示。

5.2.2 支架安装

（1）支架的制作

桥架沿墙垂直安装时，可使用门形角钢支架。几种常用的门形角钢支架如图 5-21 所示。

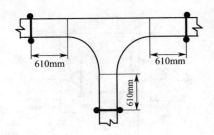

图 5-20　垂直弯支架配置方法（2）

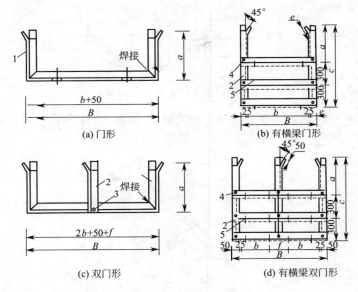

图 5-21　常用门形角钢支架加工图

1—门形架；2—支架腿；3—半圆头方径螺栓；4—螺栓；5—横梁

（2）支架的安装

多数门形角钢支架的固定都应尽可能配合土建施工预埋，如图
5-22（a）所示。有些门形角钢支架应在土建施工中预埋地脚螺栓，
用地脚螺栓固定支架，如图 5-22（b）所示。也可用膨胀螺栓（又
称胀锚螺栓）来固定支架。

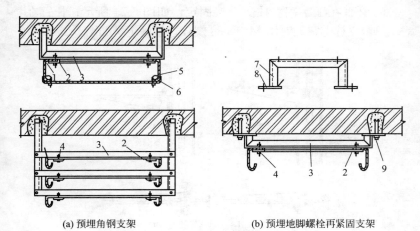

(a) 预埋角钢支架   (b) 预埋地脚螺栓再紧固支架

图 5-22　角钢支架的固定方法

1—梯架；2—压板；3—支架；4—方径螺栓；5—带钩螺栓；

6—通用盖板；7—门形架；8—底架；9—预埋螺栓

5.2.3　托臂安装

a. 托臂在建筑物墙、柱上安装，可用预埋螺栓固定，也可与墙体内的预埋件进行焊接固定。预埋螺栓及预埋件可随土建施工预埋，也可将埋好预埋件的预制混凝土砌块随墙砌入，如图 5-23 所示。图中方法 1 的预埋件可以改用膨胀螺栓固定。用膨胀螺栓固定时，混凝土构件强度不应小于 C15，在相当于 C15 混凝土强度的砖墙上也允许使用，但不宜在空心砖建筑物上使用。

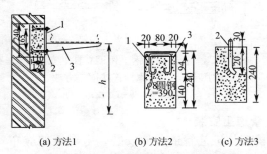

(a) 方法1   (b) 方法2   (c) 方法3

图 5-23　托臂与预埋螺栓固定安装示意图

1—预埋件；2—预埋螺栓；3—托臂

b. 托臂在工字钢立柱上卡接固定，如图 5-24 所示；托臂在槽钢、角钢立柱上安装时用 M10×50 螺栓连接固定，如图 5-25 所示。

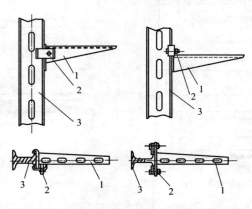

图 5-24　托臂在工字钢立柱上卡接固定方法
1—托臂；2—螺栓；3—工字钢立柱

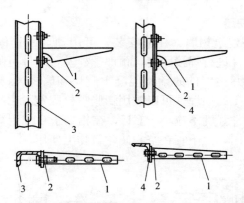

图 5-25　托臂在槽钢、角钢立柱上安装
时用 M10×50 螺栓连接固定方法
1—托臂；2—螺栓；3—槽钢立柱；4—角钢立柱

5.2.4　工艺管道上安装

a. 电缆桥架与工艺管道共架安装，电缆桥架应布置在管架的一侧。在混凝土管架上，立柱与预埋件焊接，如图 5-26 所示。立柱还可以用膨胀螺栓固定。

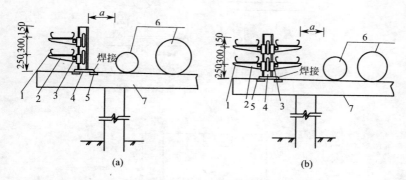

图 5-26　电缆桥架在工艺管架上安装示意图
1—梯架；2—托臂；3—螺栓；4—立柱；
5—预埋件；6—工艺管道；7—混凝土管架

b. 电缆桥架在钢结构管架上安装时，可支架焊接固定。

c. 电缆桥架与管道交叉安装时，应按图 5-27 进行；在液体管道下方或具有腐蚀性气体管道上方交叉安装时，应按图 5-28 进行。

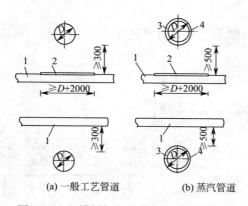

(a) 一般工艺管道　　　　(b) 蒸汽管道

图 5-27　电缆桥架与管道交叉做法示意图
1—电缆桥架；2—盖板；3—蒸汽管道；4—保温层

5.2.5　梯架安装

a. 梯架或托盘在门形角钢支架上沿墙垂直安装，应使用压板连接固定。梯架安装用压板如图 5-29 所示。

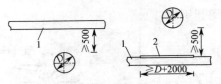

图 5-28　电缆桥架与具有腐蚀性液体管道交叉安装做法

1—电缆桥；2—5mm 硬质聚氯乙烯盖板

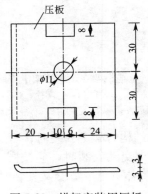

图 5-29　梯架安装用压板

b. 梯架沿墙垂直安装时可使用膨胀螺栓与夹板固定，如图 5-30 所示。

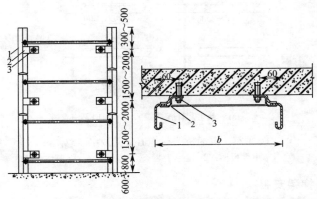

图 5-30　梯架使用膨胀螺栓与夹板固定沿墙垂直安装

1—梯架；2—夹板；3—膨胀螺栓

c. 桥架采用圆钢吊杆水平安装做法如图 5-31 所示。

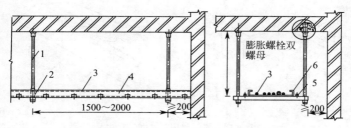

图 5-31　桥架采用圆钢吊杆水平安装做法
1—吊杆；2—U 形槽钢；3—电缆；
4—桥架；5—T 形螺栓；6—压板

5.2.6　电缆桥架的组装

a. 电缆桥架直线段和弯通的侧边均有螺栓连接孔。当桥架的直线段之间、直线段与弯通之间需要连接时，可用直线连接板进行连接。有的桥架直线段之间连接时还在侧边内侧使用内衬板，如图 5-32 所示。

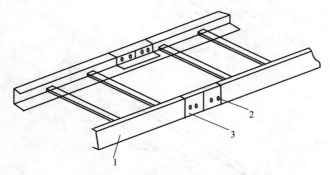

图 5-32　桥架直线段连接
1—直线型桥架；2—紧固螺栓；3—直线连接板

b. 连接两段不同宽度或高度的托盘时，桥架可配置变宽连接板（变宽板）或变高连接板（变高板），如图 5-33 所示。

c. 在托盘、梯架分支、引上、引下处宜有适当的弯通。因受空间限制不便装设弯通或有特殊要求时，可使用铰链连接板（铰接板）和连续铰接板（软接板）。

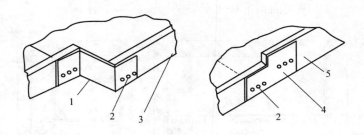

图 5-33　变宽板、变高板安装
1—调宽片；2—连接螺栓；3—电缆桥架；
4—调高片；5—电缆桥

d. 低压电力电缆与控制电缆共用同一托盘或梯架时，相互间宜设置隔板，如图 5-34 所示。

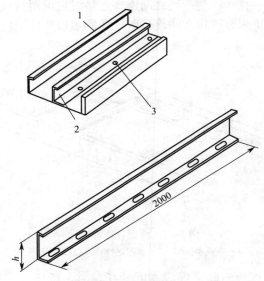

图 5-34　隔板安装
1—电缆桥架；2—隔板；3—连接螺栓

e. 电缆桥架的末端，应使用终端板，如图 5-35 所示。

f. 托盘、桥架连接板的螺栓应紧固，螺母应位于托盘、梯架

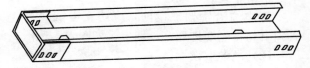

图 5-35 桥架末端终端板安装

的外侧。由托盘、梯架引出的配管应使用钢管。当托盘需要开孔时，应用开孔机开孔，开孔处应切口整齐，管孔径吻合，严禁使用气焊、电焊割孔。钢管与桥架连接时，应使用管接头固定，如图5-36 所示。

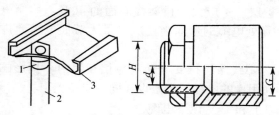

图 5-36 配管与桥架连接
1—管接头；2—引线管；3—电缆桥架

g. 桥架的支、吊架沿桥架走向左右的偏差不应大于 10mm。

h. 当直线段钢制电缆桥架超过 30m、铝合金或玻璃钢电缆桥架超过 15m 时，应有伸缩缝，其连接宜采用伸缩连接板（伸缩板）；电缆桥架跨越建筑物伸缩缝处应设置好伸缩板。

5.2.7 电缆桥架内敷设工艺

（1）敷设前的准备

a. 电缆敷设前应对电缆进行详细检查：规格型号、截面积、电压等级等均应符合设计要求。外观应无扭曲、损坏现象。

b. 高压电缆敷设前应进行耐压试验和泄漏电流试验，试验标准按国家和当地供电部门规定。

c. 对 1kV 以下电缆，用 1kV 兆欧表测量线间及对地绝缘电阻应不低于 10MΩ。

d. 室内电缆桥架布线时，为了防止发生火灾时蔓延，电缆不应有黄麻或其他易燃材料外护层。在腐蚀或特别潮湿的场所采用电缆桥架布线时，应选用塑料护套电缆。

e. 电缆沿桥架敷设前，应防止电缆排列不整齐、交叉严重，必须事先将电缆排列好，划出排列图表，按图表进行施工。

（2）电缆敷设

a. 电缆沿桥架敷设时，应单层敷设，并敷设一根整理一根、卡固一根。垂直敷设的电缆每隔 1.5～2m 处加以固定；对水平敷设的电缆，在电缆的首尾端、转弯及每隔 5～10m 处固定。

b. 电缆桥架内的电缆应在首端、尾端、转弯及每隔 50m 处设有编号、型号及起止点等标记。

c. 电缆在桥架上可以无间距敷设，但桥架内电力电缆的总截面（包括外护层）不应大于桥架横断面的 40%，控制电缆不应大于 50%。拐弯处电缆的弯曲半径应以最大截面电缆允许弯曲半径为准。

d. 为了保障线路运行安全和避免相互间的干扰影响，下列不同电压、不同用途的电缆不宜敷设在同一层桥架上：

- 1kV 以上和 1kV 以下电缆。
- 同一路径向一级负荷供电的双路电源电缆。
- 应急照明电缆和其他照明电缆。
- 强电电缆和弱电电缆。

如受条件限制需安装在同一层桥架上时，应用隔板隔开。

e. 电缆敷设完成后，应及时清除杂物，有盖板的盖好盖板，并进行最后调整。

f. 托盘、梯架在承受额定均布荷载时的相对挠度不应大于 1/200。

g. 吊架横档或侧壁固定的托臂在承受托盘、梯架额定荷载时的最大挠度值与其长度之比，不应大于 1/100。

5.3 电缆其他敷设方法

5.3.1 电缆保护管敷设

（1）电缆保护管弯曲的要求

a. 一根电缆保护管的弯曲处不应超过 3 个，直角弯不应超过 2

个。弯曲处不应有裂缝和显著的凹痕现象，管弯曲处的弯扁程度不宜大于管外径的 10%。

b. 保护管的弯曲处弯曲半径不应小于所穿入电缆允许的最小弯曲半径。

c. 保护管的管口处应无毛刺和尖锐棱角，管口应做成喇叭口形。

（2）电缆穿保护管敷设

a. 电缆在穿入保护管前，管道内应无积水，且无杂物堵塞。保护管应安装牢固，不应将电缆管直接焊接在支架上。

b. 穿入管中的电缆数量，应符合设计要求。交流单芯电缆不得单独穿入钢管内。保护管内穿电缆时，不应损伤电缆保护层，可采用无腐蚀性的润滑剂（粉）。

c. 电缆穿入管子后，管口应密封。

d. 电缆进入建筑物内的保护管敷设如图 5-37（a）所示。保护管伸出建筑物散水坡的长度不应小于 250mm，如图 5-37（b）所示。电缆保护管过墙需做防水时，保护管与电缆间用油浸黄麻填实。

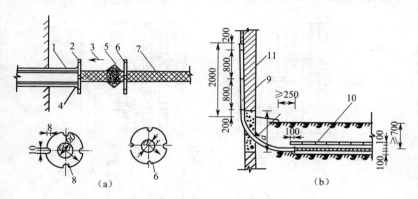

图 5-37 保护管穿过建筑物敷设

1—穿墙套管；2、8—法兰盘（1）；3—电缆穿入方向；
4—焊接；5—油浸黄麻；6—法兰盘（2）；7—电缆；
9—保护管；10—保护板；11—U 形管卡

e. 电缆通过墙、楼板时应穿保护管，穿管内径不应小于电缆外径 1.5 倍，如图 5-38 所示。

f. 保护管沿柱垂直安装做法如图 5-39 所示。

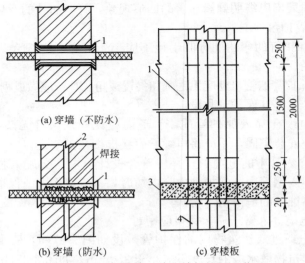

(a) 穿墙（不防水）

(b) 穿墙（防水）

(c) 穿楼板

图 5-38　保护管过墙、楼板施工工艺

1—保护管；2—5mm 钢板；3—楼板；4—电缆

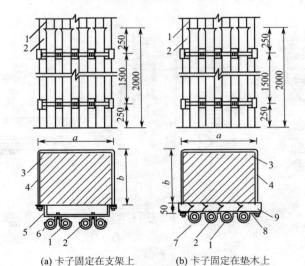

(a) 卡子固定在支架上　　　(b) 卡子固定在垫木上

图 5-39　保护管沿柱垂直安装

1—电缆；2—保护管；3—柱子；4—抱箍；5—支架；

6—卡子；7—管卡；8—木螺钉；9—垫木

5.3.2 室内电缆明敷设

（1）沿墙垂直敷设

a. 电缆在墙上垂直敷设，可使用 30mm×3mm 镀锌扁钢卡子固定，如图 5-40 所示；多根电缆平行敷设时预埋地脚螺栓间距为 100mm（地脚螺栓也可用膨胀螺栓代替）。

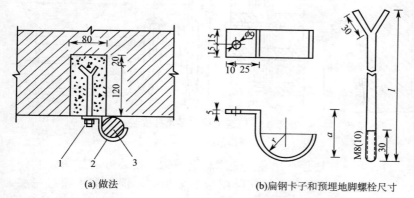

(a) 做法   (b)扁钢卡子和预埋地脚螺栓尺寸

图 5-40　用镀锌扁钢卡子固定电缆

1—地脚螺栓；2—扁钢卡子；3—电缆

b. 也可用扁钢卡子与Ⅱ形支架固定电缆，如图 5-41 所示；支架方法 2 用于多根电缆平行敷设时。电缆沿墙垂直敷设时，电力电缆支架间的距离为 1.5m，控制电缆支架间的距离为 1m。

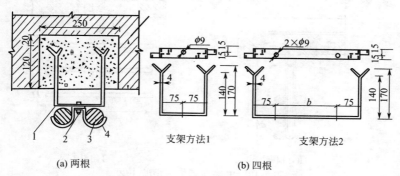

(a) 两根   (b) 四根

图 5-41　用Ⅱ形支架和卡子固定电缆

1—卡子；2—螺栓；3—电缆；4—扁钢卡子

（2）电缆水平吊挂敷设

a. 电缆沿墙吊挂安装不能超过三层，使用挂钉和挂钩吊挂，如图 5-42 所示。吊挂安装电力电缆挂钉间距为 1m，吊挂控制电缆间距为 0.8m。

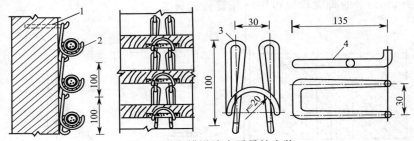

图 5-42　电缆沿墙水平吊挂安装

1—预埋挂钩；2—橡皮垫；3—ϕ6 圆钢；4—ϕ8 圆钢

b. 电缆在楼板下吊装，使用扁钢吊钩，安装方法如图 5-43（a）所示。扁钢吊钩数量根据实际层数需要组装，但最多不超过三层。使用角钢吊架安装方法如图 5-43（b）所示。吊架横档的层数根据工程需要确定，但最多不超过四层。

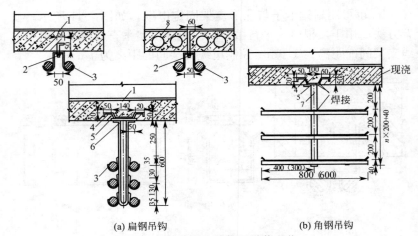

(a) 扁钢吊钩　　　　　　　　　　(b) 角钢吊钩

图 5-43　电缆在楼板下吊装工艺

1—现浇板；2—地脚螺栓；3—吊钩；4—固定条；
5—连接板；6—吊杆；7—吊架；8—预制板

c. 电缆沿梁水平吊装时，应使用角钢吊架安装（见图 5-44），其安装有关规定与电缆在楼板下吊装一致。

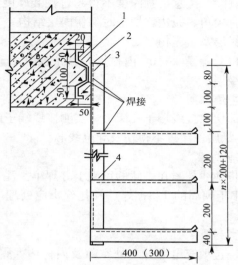

图 5-44　角钢吊架沿梁水平安装
1—固定条；2—连接板；3—预埋件；4—吊架

5.4 低压电缆头制作

5.4.1　1kV 三芯交联电缆热缩终端头制作工艺

（1）剥切外护套

按图 5-45 所示尺寸，剥除外护套（为方便读图只画单芯示意图）。剥除的外护套总长度可根据实际情况适当增大或减小。

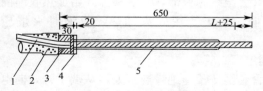

图 5-45　1kV 三芯电缆终端头剥切图
1—接地线；2—外护层；3—铠装；4—铜绑线；5—绝缘体

（2）剥切铠装层

自外护套切口处保留 30～50mm 铠装层（去漆），用铜绑线绑扎固定后其余剥除。注意切割深度不得超过铠装厚度的 2/3，切口应平齐，不应有尖角、锐边，切割时勿伤内层结构。

（3）剥内衬层及填充物

自铠装切口处保留 20mm 内衬层，其余及其填充物剥除。注意不得伤及绝缘层。

（4）剥除主绝缘层

在线芯端部切除接线端子孔深 L（实测接线端子内孔深度）加 5mm 长的主绝缘层。注意不得伤及导电线芯。

（5）安装地线

用铜绑线将地线扎紧在去漆的钢铠上并焊牢。注意扎丝不少于 3 道，焊面不小于圆周的 1/3；焊点及扎丝头应处理平整，不应留有尖角、毛刺。

（6）绕包密封胶

用密封胶绕包填充电缆分支处空隙及内衬垫裸露部分的凹陷，并在清理干净的地线和外护套切口处朝电缆头方向绕包一层 30mm 宽的密封胶。

（7）固定指套

将指套套至线芯根部后加热固定（不等芯电缆需预先用衬管扩径），先缩根部，再缩袖口及手指。注意加热火焰朝收缩方向，软硬适中并不断旋转、移动。

（8）压接端子

每个端子压 2 道，注意压接后应去除尖角、毛刺。

（9）固定绝缘管

将绝缘管套至线芯根部，并从根部开始加热收缩固定。注意火焰朝收缩方向，禁止使用硬火加热，收缩时火焰应不断旋转、移动。

（10）固定密封管

将密封管套至端子与绝缘连接处，从端子开始向电缆方向加热收缩。注意密封处应预先打磨并包绕密封胶。

制作完成的 1kV 三芯电缆终端头如图 5-46 所示。

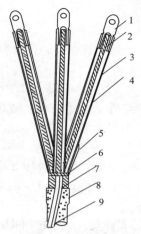

图 5-46　1kV 三芯电缆终端头图

1—接线端子；2—导体线芯；3—绝缘管；4—绝缘体；
5—三指套；6—铜绑线；7—铠装；8—外护层；9—接地线

5.4.2　1kV 三芯交联电缆热缩中间头制作工艺

（1）校直电缆

将电缆校直，两端重叠 200～300mm 确定接头中心后，在中心处锯断。注意清洁电缆两端外护套各 2m 长。

（2）剥切外护套

按图 5-47 所示尺寸，剥除外护套。

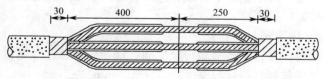

图 5-47　1kV 三芯电缆中间头剥切图

（3）剥切铠装层

自外护套切口处保留 30～50mm 铠装层（去漆），用铜绑线绑扎固定后其余剥除。注意切割深度不得超过铠装厚度的 2/3，切口应平齐，不应有尖角、锐边，切割时勿伤内层结构。

（4）剥内衬层及填充物

自铠装切口处保留 20mm 内衬层，其余及其填充物剥除。注意不得伤及绝缘层。

（5）剥除主绝缘层

在线芯端部切除 1/2 接管长加 5mm 的主绝缘层。注意不得伤及导电线芯。

（6）套入管材

在剥切长端套入绝缘管、金属护套及密封护套管，在剥切短端套入密封护套管。注意不得遗漏。

（7）压接连接管

将电缆对正后压接连接管，两端各压 2 道。注意压接后应去除尖角、毛刺，并清洁连接管表面，压坑应用半导电带填平。

（8）固定绝缘管

绝缘管以接续管中心对称安装，并由中间开始加热收缩固定。注意火焰朝收缩方向，禁止使用硬火，加热收缩时火焰应不断旋转、移动。

（9）安装地线

在电缆一端用铜绑线将地线扎紧在去漆的钢铠上并焊牢，然后缠绕扎紧线芯至电缆另一端，同样扎紧在去漆的钢铠上并焊牢。注意扎丝不少于 3 道，焊面不小于圆周的 1/3；焊点及扎丝头应处理平整，不应留有尖角、毛刺。

（10）安装金属护套

将金属护套两端分别固定并焊牢在电缆两端钢带上。注意焊点及扎丝头应处理平整，不应留有尖角、毛刺。中间头也可不装金属护套，外加保护壳。

（11）固定密封护套管

将密封护套管套至金属护套中间，加热收缩。注意密封处应预先打磨并绕包密封胶，胶宽度不少于 100mm。

制作完成的 1kV 三芯电缆中间头如图 5-48 所示。

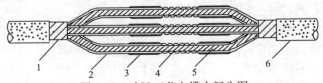

图 5-48 1kV 三芯电缆中间头图

1—铠装；2—绝缘层；3—绝缘管；4—连接管；5—导体线芯；6—外护套

第**6**章

⚡ 室内配线

6.1 绝缘子（瓷瓶）线路安装

6.1.1 绝缘子定位、划线、凿眼和埋设紧固件

（1）定位

首先按施工图确定灯具、开关、插座和配电箱等设备的位置，然后确定导线的敷设位置、穿过楼板的位置及起始、转角、终端夹板的固定位置，最后确定中间夹板的位置。在开关、插座和灯具附近约 50mm 处，都应安装一副夹板。

（2）划线

用粉线袋划出导线敷设的路径，再用铅笔或粉笔划出瓷夹板位置，当采用 1～2.5mm² 截面积的导线时，瓷夹板间距为 600mm；当采用 4～10mm² 截面积的导线时，瓷夹板间距为 800mm。然后在每个开关、灯具和插座等固定点的中心处划一个"×"号。

（3）凿眼

按划线的定位点凿眼。在砖墙上凿眼，可采用小钢扁凿或电钻（钻头采用特种合金钢），如图 6-1（a）所示。注意，孔眼要外小内大，孔深按实际需要而定。在混凝土墙上凿眼可采用麻线凿或冲击钻，边敲边转动麻线凿，如图 6-1（b）所示。

（4）安装木榫或其他紧固件

在孔眼中洒水淋湿，埋设木榫或缠有铁丝的木螺钉。木榫有矩

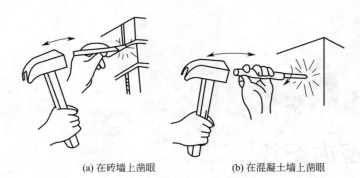

(a) 在砖墙上凿眼   (b) 在混凝土墙上凿眼

图 6-1　在墙上凿眼的方法

形和正八边形两种，如图 6-2 所示。安装时注意校正敲实，松紧适度。

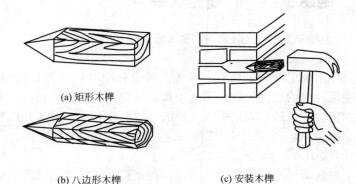

(a) 矩形木榫

(b) 八边形木榫   (c) 安装木榫

图 6-2　在墙上安装木榫的方法

（5）埋设穿墙保护瓷管或钢管

瓷管预埋可先用竹管或塑料管代替，当拆除模板刮糙后，再将竹管取出换上瓷管。塑料管可以代替瓷管使用，直接埋入混凝土构造中即可。

6.1.2　绝缘子线路的安装

（1）绝缘子的固定方法

a. 木结构上固定绝缘子，可用木螺钉直接旋入，如图 6-3（a）所示。

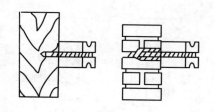

(a) 在木结构上   (b) 在砖墙上

图 6-3 绝缘子在墙上固定的方法

b. 砖墙结构上固定绝缘子，可用木榫或缠有铁丝的木螺钉固定，如图 6-3(b) 所示。

c. 混凝土结构上用支架固定鼓形绝缘子、蝶式绝缘子和针式绝缘子的方法如图 6-4(a) 所示。

d. 混凝土结构上用胀锚螺栓固定鼓形绝缘子的方法如图 6-4 (b) 所示。

e. 混凝土结构上用环氧树脂黏结剂固定鼓形绝缘子的方法如图 6-4(c) 所示。

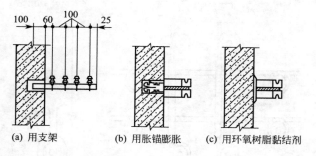

(a) 用支架   (b) 用胀锚膨胀   (c) 用环氧树脂黏结剂

图 6-4 绝缘子在混凝土结构上固定的方法

（2）绝缘子的安装方法

a. 沿梁绝缘子配线施工做法如图 6-5 所示。通常固定绝缘子的短管或缠有铁丝的木螺钉在预制梁时就预埋。

b. 导线分支在分支、拐角、插座处应设置绝缘子，用以支持导线。导线交叉敷设时穿入绝缘管保护，方法如图 6-6 所示。

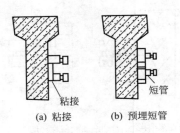

(a) 粘接   (b) 预埋短管

图 6-5　沿梁绝缘子配线施工工艺

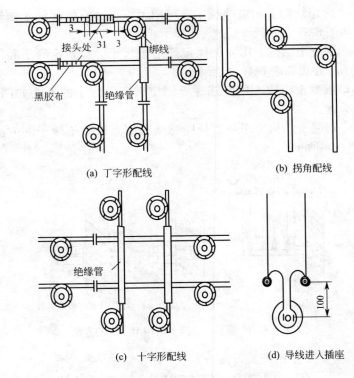

(a) 丁字形配线   (b) 拐角配线

(c) 十字形配线   (d) 导线进入插座

图 6-6　绝缘子配线中的分支与交叉

　　c. 在建筑物的侧面或斜面配线时，必须将导线绑扎在绝缘子的上方，如图 6-7 所示。

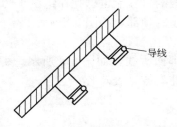

图 6-7　绝缘子在侧面或斜面的导线绑扎

d. 如果导线在同一平面内转弯，则应将绝缘子敷设在导线转弯拐角的内侧，如图 6-6(b) 所示；如果导线在不同平面转弯，则应在凸角的两面上各装设一个绝缘子。

e. 平行的两根导线，应位于两绝缘子的同一侧或位于两绝缘子的外侧，而不应位于两绝缘子的内侧。

f. 绝缘子沿墙壁垂直排列敷设时，导线弛度不得大于 5mm；沿屋架或水平支架敷设时，导线弛度不得大于 10mm。

6.1.3　导线安装

（1）导线的敷设

导线敷设前首先将导线拉直，然后按一定的顺序和方法进行。导线的布放一般有放线架放线和手工放线两种方法。

① 放线架放线

放线架放线通常用于较粗导线的布放。放线时，将成盘导线架在放线架上，一人拉着线头顺线路方向前进，线盘受力牵动放线架转动，将导线放直。

② 手工放线

手工放线通常用于线路较短或较细导线的放线。放线时，将线盘套在胳膊上，把线头固定在线路起点的固定物上，放线人顺线路方向前进，用一只手将导线正着放 3 圈，然后把线盘反过来再放 3 圈，反复进行就可将导线平直地放开。

（2）导线绑扎

① 导线绑扎方法

首先将一端的导线绑扎在绝缘子的颈部，如果导线弯曲，应事先调直，然后将导线的另一端也绑扎在绝缘子的颈部，最后把中间导线也绑扎在绝缘子的颈部，如图6-8所示。

②终端导线的绑扎

导线的终端可绑回头线，如图6-9所示。绑扎线宜用绝缘线，绑扎线的线径和绑扎卷数见表6-1。

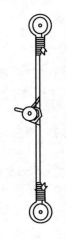

公卷

单卷

图 6-8　导线的绑扎方法　　　图 6-9　终端导线的绑扎方法

表 6-1　绑扎线的线径和绑扎卷数

导线截面积 /mm²	绑线直径/mm			绑扎卷数	
	砂包铁芯线	铜芯线	铝芯线	公卷数	单卷数
1.5~10	0.8	1.0	2.0	10	5
10~35	0.89	1.4	2.0	12	5
50~70	1.2	2.0	2.6	16	5
95~120	1.24	2.6	3.0	20	5

③直线段导线的绑扎

鼓形绝缘子和碟形绝缘子配线的直线绑扎方法，可根据绑扎导线的截面积大小来决定。导线截面积在 6mm² 以下的采用单花绑法，其绑扎方法和绑扎步骤如图6-10所示；导线截面积在 10mm² 以上的采用双绑法，其绑扎方法和绑扎步骤如图6-11所示。

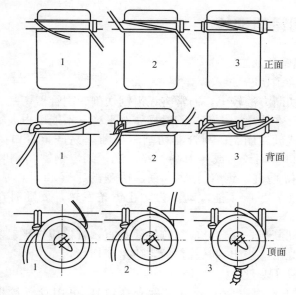

正面

背面

顶面

图 6-10　单花绑法绑扎步骤

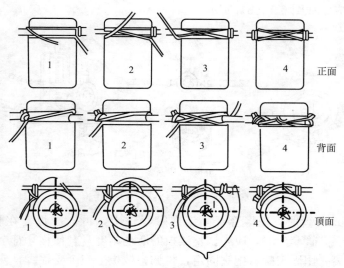

正面

背面

顶面

图 6-11　双花绑法绑扎步骤

6.2 钢管明配线

6.2.1 钢管的加工

（1）管子切断

管子切断方法较多，通常有无齿锯切割、割管器切割、细齿钢锯切割等。在使用无齿锯切割时操作要平稳，不能用力太猛，以免造成过载或砂轮崩裂；割管器切割时切断处易产生管口内缩，缩小后的管口要用铰刀或锉刀刮（锉）光；细齿钢锯切割时要注意使锯条保持垂直，锯管人要站直，持锯的手臂和身体成90°角，和钢管垂直，手腕不能颤动。为防止锯条发热，要随时在锯条口上注油。

管子切断后，断口处应与管轴线垂直，管口应锉平、刮光，使管口整齐光滑。当出现马蹄口后，应重新切断。

（2）管子套丝

a. 对于水煤气管套丝（又称套螺纹），可用管子铰板，如图6-12（a）所示。对于电线管套丝，可用圆丝板。圆丝板由板架和板牙组成，如图6-12（b）所示。

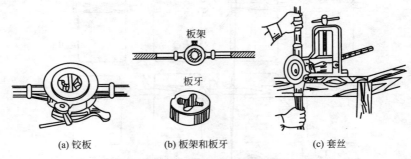

(a) 铰板　　　　　　(b) 板架和板牙　　　　　　(c) 套丝

图 6-12　管子套丝铰板及套丝

b. 套丝时，先将管子固定在管子钳上，再把铰板套在管端。当水煤气管套丝时，应先调整铰板的活动刻度盘，使板牙符合需要的距离，用固定螺钉把它固定，再调整铰板上三个支撑脚，使其紧贴管子，防止套丝时出现斜丝。铰板调整好后，手握铰板手柄，平稳向里推进，按顺时针方向转动，如图 6-12（c）所示。

c. 开始套丝扳转时，要稳而慢，太快了不宜带上丝，不得骤然用力，避免偏丝啃丝。套丝时还要避免套出来的丝扣与管子不同心。

d. 用在与接线盒、配电箱连接处的套丝长度，不宜小于管外径的 1.5 倍；用在管与管连接部位处的套丝长度，不得小于管接头长的 1/2 加 2~4 扣。需倒丝连接时，连接管的一端套丝长度不应小于管接头长度加 2~4 扣。

e. 第一次套完后，松开板牙，再调整其距离比第一次小一点，用同样方法再套一次，要防止乱丝。当第二次丝扣快套完时，稍松开板牙，边转边松，使其成为锥形丝扣。

（3）管子的弯曲

a. 弯管器弯管。直径为 50mm 的白铁管或电线管可用弯管器来弯管，如图 6-13 所示。弯管时应将线管的焊缝置于弯曲方面的背面或两侧。

图 6-13　弯管器弯管

b. 灌沙弯管。凡管壁较薄而直径较大的线管弯曲时，可采用线管内灌沙弯管，如图 6-14 所示。黄沙一定要填满压实，如采用加热弯曲，黄沙还要炒干，否则电线管易弯瘪。

（4）弯管注意事项

a. 弯曲处不应有褶皱、凹穴和裂缝现象，弯扁程度不应大于管外径的 10%，弯曲角度一般不宜小于 90°。

b. 明配管弯曲半径不应小于管外径的 6 倍；如只有一个弯，不应小于管外径的 4 倍，整排管子在转弯弯曲处应弯成同心圆。

c. 在弯管过程中，还要注意弯曲方向和管子焊缝之间的关系，一般宜放在管子弯曲方向的正、侧面交角处的 45°线上，如图 6-15 所示。

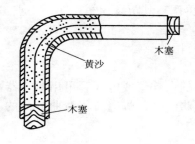

图 6-14　灌沙弯管　　　　　图 6-15　弯曲方向与管缝的配合

（5）钢管除锈和防腐

a. 用圆形钢丝刷，两头各绑 1 根铁丝穿过线管，来回拉动钢丝刷进行管内除锈，如图 6-16 所示。

b. 管外壁可用钢丝刷除锈，如图 6-17 所示。

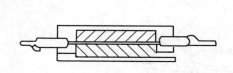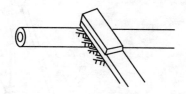

图 6-16　用钢丝刷清除内表面铁锈　　　图 6-17　用钢丝刷除外表面铁锈

c. 管子除锈后，可在内外表面涂以油漆或沥青漆。但埋设在混凝土中的电线管外表面不要涂漆，以免影响混凝土的结构强度。

6.2.2　管子连接

（1）管子与盒（箱）连接

管子与盒（箱）的连接，可采用焊接固定或采用锁紧螺母或护圈帽固定两种方法。管与盒（箱）的焊接固定仅适用于厚壁管，薄壁管严禁进行焊接固定。

① 焊接固定工艺

a. 管子与盒焊接固定时，应一管一孔顺直插入与管径吻合的敲落（连接）孔内，伸进长度应小于 5mm。管子与盒外壁焊接的累计长度不宜小于管外径周长的 1/3，且不应烧穿盒壁。焊接质量达不到要求时，可用 φ6mm 钢筋，一端与管子横向焊牢，另一端焊在盒的棱边上。

b. 管子与箱连接时，不应把管子与箱体焊在一起。应将作为接地跨接线的圆钢，在适当位置上把入箱管做横向焊接并应保证入箱管长度一致，再与箱体外侧的棱边进行焊接。

② 锁紧螺母或护圈帽固定工艺

a. 配管管口使用金属护圈帽（护口）保护导线时，应将套丝后的管端先拧上锁紧螺母，顺直插入与管外径相一致的盒敲落孔内，露出 2～4 扣的管口螺纹，再拧上金属护圈帽（护口），把管与盒连接固定，如图 6-18(a) 所示。

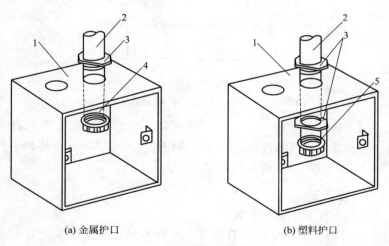

(a) 金属护口   (b) 塑料护口

图 6-18　管与盒固定做法
1—开关盒；2—钢管；3—锁紧螺母；4—金属护口；5—塑料护口

b. 当配管管口使用塑料护圈帽保护导线时，由于塑料护圈帽机械强度无法固定住管盒，应在盒内外管口处均拧紧锁紧螺母固定盒子，留出管口 2～4 扣，再拧紧塑料护圈帽，如图 6-18（b）所示。

c. 管与配电箱固定时，无论使用哪种护圈帽均要在箱体内外用锁紧螺母固定，露出 2～4 扣的管口螺纹再拧紧护圈帽。

d. 为了使入箱管长度一致，可在箱体的适当位置用木方或顶住木制平托板。在入箱管管口处先拧好一个锁紧螺母，留出适当长度的管口螺纹，插入箱体敲落孔内顶在平托板上，待墙体工程施工后拆迁箱内托板，在管口处拧上锁紧螺母和护圈帽，如图 6-19 所示。

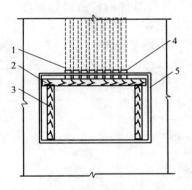

图 6-19　用木制托板暂时固定入箱管
1—钢管；2—托板；3—木方；4—锁紧螺母；5—箱体

（2）管与管连接

明配管采用丝扣连接，两管拧进管接头长度不可小于管接头长度的 1/2（6 扣），使两管端之间吻合。

6.2.3　管子安装

（1）明配管用管卡安装

a. 沿建筑物表面敷设的明管，一般不采用支架，应用管卡子均匀固定。固定点间的最大距离见表 6-2。管卡的固定方法可用胀管法，在需要固定管卡处，可选用适当的塑料胀管或胀锚螺栓。

表 6-2 钢管中间管卡最大距离

敷设方式	钢管类型	钢管直径/mm			
		15~20	25~32	40~50	65~100
		最大允许距离/m			
吊架、支架或沿墙敷设	厚壁管	1.5	2.0	2.5	3.5
	薄壁管	1.0	1.5	2.0	

b. 如图 6-20 所示,用冲击电钻钻好管孔后,放入塑料胀管。待管固定时应先将管卡的一端螺栓拧进一半,然后将管敷设于管卡内,再将管卡两端用木螺钉拧紧。

c. 使用胀锚螺栓固定时,螺栓与套管应一起送到孔洞内,螺栓要送到洞底,螺栓埋入结构内的长度与套管长度相同。

d. 明配管在拐弯处应煨成弯曲 [见图 6-21(a)] 或使用弯头。

e. 当多根明配管排列敷设时,在拐角处应使用中间接线箱进行连接,也可按管径的大小弯成排管敷设,所有管子应排列整齐,转角部分应按同心圆弧的形式进行排列,如图 6-21(b) 所示。

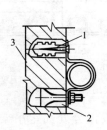

图 6-20 管卡固定方法
1—塑料胀管;2—胀锚螺栓;3—砖墙

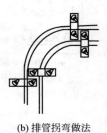

(a) 煨弯做法　　　(b) 排管拐弯做法

图 6-21 明管沿墙拐弯做法

(2) 明配管支架安装

对于多根明配管或较粗的明管可用支架进行安装。安装时应先固定两端的支架,再拉通线固定中间的支架。支架的安装方法如图 6-22 所示。

(3) 明管吊架安装

a. 多根明管采用吊架安装时,应先固定好两端的吊架,再拉通线固定中间吊架,如图 6-23 所示。也可将预埋螺栓改为胀锚螺栓在梁的侧面固定吊架,如图 6-23 所示。

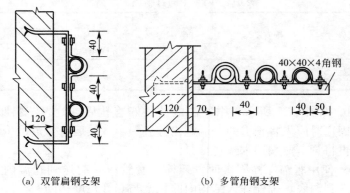

(a) 双管扁钢支架   (b) 多管角钢支架

图 6-22　明管支架安装示意图

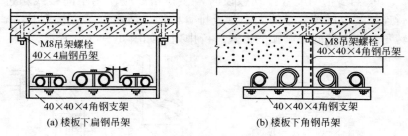

(a) 楼板下扁钢吊架   (b) 楼板下角钢吊架

图 6-23　明管在现浇楼板吊装

　　b. 预制楼板采用吊装方法，应在楼板板缝处固定吊架，如图 6-24 所示。

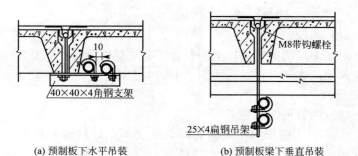

(a) 预制板下水平吊装   (b) 预制板梁下垂直吊装

图 6-24　明管沿预制板吊装

（4）吊顶内管子安装

① 灯位固定做法

a. 固定花灯、吊扇、大（重）型灯具时，应在建筑结构施工时预埋吊钩，且吊钩不应与吊顶龙骨连接。

b. 吸顶灯、吊灯等直接吊挂灯具的灯位盒，应固定在主龙骨或附加龙骨上，盒口朝下，如图 6-25 所示。在有防火要求的木结构上，可用石棉布垫好盒口（或用其他防火措施处理灯位盒），盒口应与吊顶板平齐。

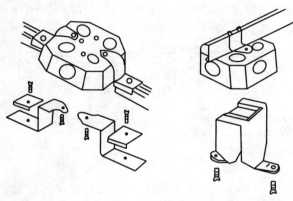

图 6-25　灯位盒与主龙骨固定做法

c. 嵌入式灯具可用支架或吊架将灯位盒固定在吊顶内，也可用立卡固定在轻龙骨上，如图 6-26 所示。灯位盒距离灯具边缘不宜大于 100mm。如为活板吊顶可适当远一些，但也不宜大于 30mm。灯位盒口应朝向侧面并加盖板，便于安装接线盒观察维修。

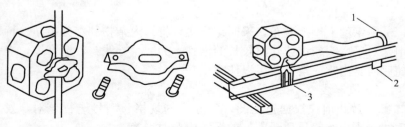

图 6-26　灯位盒与轻钢龙骨固定做法示意图
1—羊角管卡；2—二型立卡；3—一型立卡

② 吊顶内管子敷设

a. 吊顶内管子敷设，管与管或管与盒的连接均应采用丝扣连接。管与盒连接时，应在盒的内、外侧均套锁紧螺母固定盒体。

b. 吊顶内敷设钢管直径为 $\phi 25\text{mm}$ 及以下时，管子允许利用轻钢龙骨在吊顶的吊杆盒和吊顶的主龙骨上边敷设，并应使用吊装卡具吊装。当需要在主龙骨敷设必须开孔时，应采用相应孔径的开孔工具，严禁用电气焊切割轻钢龙骨的任何部位。

c. 吊顶内管子敷设时，当管径较大或并列管子数量较多时，应由楼板顶部或梁上固定支架或吊杆直接吊挂固定管子，不应影响吊顶的更换和检修，如图 6-27 所示。

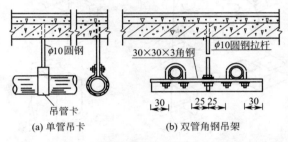

(a) 单管吊卡　　　　　(b) 双管角钢吊架

图 6-27　吊顶内楼板上吊架固定管子

d. 吊顶内用支架或吊架固定的管子应排列整齐，固定点间距应均匀，在管子的终端、转弯中点、灯位盒的边缘固定点的距离为 $150\sim500\text{mm}$。

6.2.4　管内穿线

（1）穿引线钢丝

① 清扫管路

在钢丝上缠上破布，来回拉几次，将管内杂物和水分擦净。特别是对于弯头较多或管路较长的钢管，为减少导线与管壁摩擦，应随后向管内吹入滑石粉，以便穿线。

② 放导线

a. 放线前应根据施工图，对导线的规格、型号进行核对，发现线径小、绝缘层质量不好的导线应及时退换。

b. 放线时为使导线不扭结、不出背扣，最好使用放线架。无放线架时，应把线盘平放在地上，把内圈线头抽出并把导线放得长一些，切不可从外圈抽线头放线，否则会弄乱整盘导线或使导线打成小圈扭结。

③ 钢丝的穿法

a. 管内穿线前大多数情况下都需要用钢丝（$\phi 1.2 \sim 2.0 \text{mm}$）作为引线钢丝头部弯成封闭的圆圈状，如图 6-28 所示。由管一端逐渐送入管中，直到另一端露出头时为止。明配管路时若管路较长或弯头较多，可在敷设管路时就将引线钢丝穿好。

b. 穿钢丝时，如遇到管接头部位连接不佳或弯头较多及管内存有异物，钢丝滞留在管路中途时，可用手转动钢丝，使引线头部在管内转动，钢丝即可前进。否则要在另一端再穿入一根引线钢丝，估计超过原有钢丝端部时，用手转动钢丝，待原有钢丝有动感（即表面两根钢丝绞在一起）时再向外拉钢丝，将原有钢丝带出。

④ 引线钢丝与导线结扎

a. 当导线数量为 2～3 根时，将导线端头插入引线钢丝端部圈内折回，如图 6-29 所示。

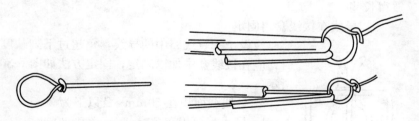

图 6-28　引线钢丝端部封闭圆圈　　　　图 6-29　钢丝连接示意图

b. 如导线数量较多或截面较大，为了防止导线端头在管内被卡住，要把导线端部剥出一段线芯，并斜错排好，与引线钢丝一端缠绕。

（2）穿线

① 管内穿线的基本要求

a. 导线穿入钢管前，钢管管口处采用丝扣连接时，应有护圈帽；当采用焊接固定时，亦可使用塑料内护口。穿入硬质塑料管前，应先检查管口是否留有毛刺和刃口，以防穿线时损坏导线绝缘层。

b. 同一交流回路的三相导线及中性线必须穿在同一钢管内。不同回路、不同电压等级和交流与直流的导线，不得穿在同一管内。管内穿线时，电压为 65V 及以下回路、同一设备的电机回路和无抗干扰要求的控制回路、照明花灯的所有回路、同类照明的几个回路可以穿入同一根管子内，但管内导线总数不能多于 8 根。

c. 穿入管内的导线不应有接头，导线的绝缘层不得损坏，导线也不得扭曲。

② 穿线工艺

a. 当管路较短而弯头较少时，可把绝缘导线直接穿入管内。

b. 两人穿线时，一人在一端拉钢丝引线，另一人在另一端把所有的电线捏成一束送入管内，两人动作应协调，并注意不得使导线与管口处摩擦损坏绝缘层。

c. 当导线穿至中途需要增加根数时，可把导线端头剥去绝缘层或直接缠绕在其他电线上，继续向管内拉。

d. 在某些场所，如房间面积不大且管路弯头较少、穿入导线数量不多，可以一人穿线。即一手拉钢丝，一手送线，但需要把线放得长些。

③ 导线在接线盒内固定

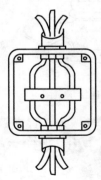

图 6-30　导线在接线盒中固定

敷设于垂直线路中的导线，每超过下列长度时，应在接线盒中加以固定，固定方法如图 6-30 所示。

a. 导线截面积在 $50mm^2$ 及以下为 30m。

b. 导线截面积在 $70\sim95mm^2$ 为 20m。

c. 导线截面积在 $120\sim240mm^2$ 为 18m。

④ 剪断导线留出余量

a. 导线穿好后，应按要求适当留出余量以便以后接线。

b. 接线盒、灯位盒、开关盒内留线长度出盒口不应小于 150mm；配电箱内留线长度为箱的半周长；出户线处导线预留长度为 1.5m。

c. 但对一些公用导线，在分支处可不剪断直接通过，只需在接线盒内留出一定余量，这样可以省去之后接线中不必要的接头。

6.3 护套线配线

6.3.1 导线固定

（1）导线定位

根据设计图样要求，按线路的走向，找好水平线和垂直线，用粉线沿建筑物表面由始端至终端划出线路的中心线，同时标明照明器具及穿墙套管和导线分支点的位置，以及接近电气器具旁的支持点和线路转弯处导线支持点的位置。

（2）支持点定位

塑料护套线的支持点位置，应根据电气器具的位置及导线截面积来确定。塑料护套线配线在终端、转弯中点、电气器具或接线盒边缘的距离为 50～100mm 处，直线部位导线中间平均分布距离为 150～200mm 处，两根护套线敷设遇有十字交叉时交叉口处的四方 50～100mm 处，都应有固定点。护套线配线各固定点的位置如图 6-31 所示。

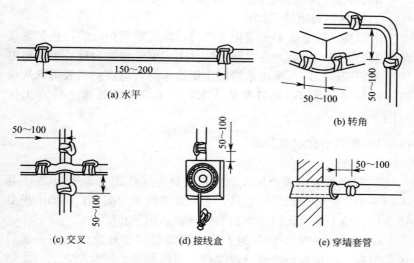

(a) 水平

(b) 转角

(c) 交叉

(d) 接线盒

(e) 穿墙套管

图 6-31 塑料护套线固定点位置要求

（3）导线固定

① 铝线卡固定

铝线卡如图 6-32 所示，其固定方法有小铁钉固定和黏结剂固定两种。

a. 小铁钉固定。在木结构上，可沿线路在固定点直接用铁钉将铝线卡钉牢；在砖结构上，应每隔 4～5 挡，将铝线卡钉牢在预埋的木榫上，中间的铝线卡可用小铁钉钉牢在粉刷墙内，但在转角、分支、进接线盒和进电器处应预埋木榫。

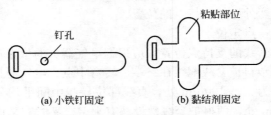

图 6-32　铝线卡示意图

b. 黏结剂固定。线路在混凝土结构或预制板上敷设时，可用环氧树脂、万能胶水或其他合适的黏结剂粘贴。

② 塑料钢钉电线卡固定

用塑料钢钉电线卡固定护套线时，应先敷设护套线，在护套线两端预先固定收紧后，在线路上按已确定好的位置直接钉牢塑料电线卡上的钢钉即可。采用木钉固定铝线卡时，应在室内装饰抹灰前将木钉下好，可用电钻打孔装入木钉，木钉外留长度不应高出抹灰层。

6.3.2　塑料护套线明敷设

（1）放线

a. 放线需要两人合作，一人把整盘导线按图 6-33 所示方法套入双手中，顺势转动线圈，另一人将外圈线头向前拉。放出的护套线不可在地上拖拉，以免磨损、擦破或沾污护套层。

b. 导线放完后先放在地上，量好敷设长度并留出适当余量后预先剪断。如果是较短的分段线路，可按所需长度剪断，然后重新盘成较大的圈径，套在肩上随敷随放。

图 6-33　护套线放线方法

c. 塑料护套线如果被弄乱或出现扭弯，要设法在敷设前校直。校线时要两人同时进行，每人握住导线的一端，用力在平坦的地面上甩直。

d. 在冬季敷设护套线时如果温度低于－15℃，严禁敷设护套线，防止塑料发生脆裂，影响工程质量。

（2）勒直、勒平和收紧护套线

① 勒直

为了使护套线敷设得平直，可在直线部分的两端临时安装两副瓷夹。敷线时先把护套线一端固定在一副瓷夹内并旋紧瓷夹。接着在另一端收紧护套线并勒直，然后固定在另一副瓷夹中，使整段护套线挺直，如图 6-34(a) 所示。

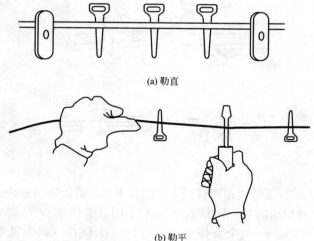

(a) 勒直

(b) 勒平

图 6-34　塑料护套线校直方法

② 勒平

如果护套线有小半径扭曲,可用螺丝刀的金属梗部在扭曲处来回按捺压勒,如图 6-34(b)所示。

③ 收紧

护套线经过勒直和勒平整理后,在敷设时还要把护套线收紧,把收紧后护套线依次夹入另一端的临时瓷夹中,再按顺序逐一把铝线卡夹持,如图 6-35 所示。

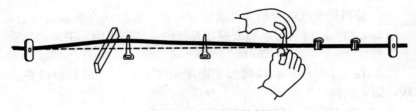

图 6-35   塑料护套线收紧方法

(3)护套线夹持

a. 用铝线卡夹持导线时,应注意护套线必须置于线夹钉位或粘贴位的中心。在扳起线夹片头尾的同时,应用手指顶住支持点附近的护套线。用铝线卡夹持护套线的步骤如图 6-36 所示。

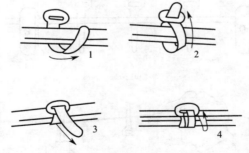

图 6-36   夹持铝线卡的步骤

b. 若护套线敷设距离较短,用铝线卡固定时,将护套线调直后,敷设时从开始端,一只手托线,另一只手用铝线卡夹持,边夹边敷。

c. 每夹持 4～5 个支持点,应进行一次检查。如果发现偏斜,可用小锤轻轻敲击突出的铝线卡予以纠正。

d. 护套线在转角、穿墙处及进入电气器具木（塑料）台或接线盒前等部位。到了护套线末端敷设部位，距离较短，如弯曲或扭曲严重就要戴上手套，用拇指顺向按捺和推挤，使导线挺直平服紧贴建筑物表面，再夹上铝线卡。

（4）护套线平行或垂直敷设

a. 几条护套线成排平行或垂直敷设时，可用绳子把护套线吊挂起来，敷设时应上下或左右排列紧密、间距一致，不能有明显空隙。

b. 对于水平或垂直敷设的护套线，其平直度或垂直度不应大于5mm。应及时检查所敷设的线路是否横平竖直、整齐和固定可靠。用一根平直的靠尺板靠在线路旁测量，如果导线不完全紧贴在靠尺板上，可用螺丝刀柄轻轻敲击，让导线的边缘紧贴在靠尺板上，使线路整齐美观。

c. 护套线在跨越建筑物变形缝时，导线两端应固定牢固，中间变形缝处应留有适当余量。

（5）护线弯曲敷设

a. 塑料护套线在建筑物同一平面或不同平面上敷设，需要改变方向时，都要进行转弯处理。弯曲后导线必须保持垂直，且弯曲半径不应小于护套线厚度的 3 倍，如图 6-37 所示。

b. 护套线在弯曲时，不应损伤线芯的绝缘层和保护层。在不同平面转角弯曲时，敷设固定好一面后，在转角处用拇指按住护套线，弯出需要的弯曲半径。当护套线在同一平面上弯曲时，用力要均匀，弯曲处应圆滑，应用两手的拇指和食指同时捏住护套线适当部位两侧的扁平处，由中间向两边逐步将护套线弯出所需的弯曲弧来；也可用一只手将护套线扁平面按住，另一只手逐步弯曲处弧形来。

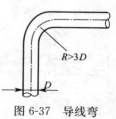

图 6-37 导线弯曲半径示意图

c. 多根护套线在同一平面同时弯曲时，应将弯曲半径最小的护套线先弯曲好，再由里向外弯曲其余的护套线。几根护套线的弯曲部位应贴紧、无缝隙。在弯曲处，一个铝线卡内不宜超过 4 根护套线。

（6）护套线的连接

a. 塑料护套线明敷设时，不应进行线与线间的直接连接。在线路中间接头和分支接头处，应装设护套线接线盒，也可借用其电气器具的接线柱头连接导线。在多尘和潮湿场所内应采用密闭式接线盒。

b. 护套线在进入接线盒或与电气器具连接时，护套层应引入盒内或器具内进行连接。安装接线盒时，应按护套线的方向、根数，比好位置，应使接线盒与护套线吻合，然后用螺钉将接线盒固定。

6.4 其他配线

6.4.1 钢索配线

（1）钢索配线的方法与步骤

a. 根据设计图样，在墙、柱或梁等处，埋设支架、抱箍、紧固件以及拉环等物件。

b. 根据设计图样的要求，将一定型号、规格与长度的钢索组装好。

c. 将钢索架设到固定点处，并用花篮螺栓将钢索拉紧，如图6-38～图 6-40 所示。

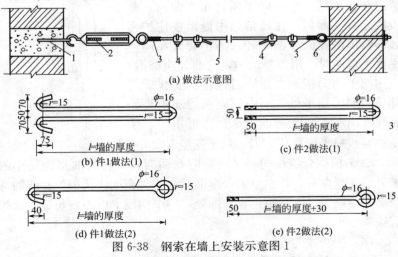

(a) 做法示意图

(b) 件1做法(1)

(c) 件2做法(1)

(d) 件1做法(2)

(e) 件2做法(2)

图 6-38　钢索在墙上安装示意图 1

1—螺栓；2—件1；3—紧线器；4—丝绳扎头；5—索具套环钢；6—件2

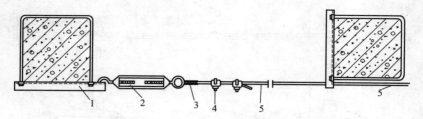

图 6-39　钢索在墙上安装示意图 2

1—槽钢；2—花篮螺栓；3—钢丝绳扎头；4—索具套环；5—钢索

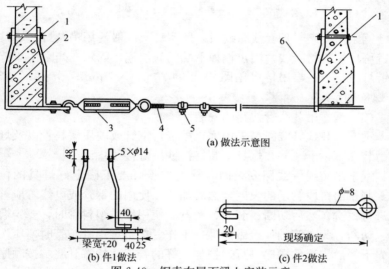

(a) 做法示意图

(b) 件1做法

(c) 件2做法

图 6-40　钢索在屋面梁上安装示意

1—螺栓；2—件1；3—丝绳扎头；4—索具套环钢；5—钢索；6—件2

d. 将塑料护套线或穿管导线等不同配线方式的导线吊装并固定在钢索上。

e. 安装灯具或其他电气器具。

（2）钢索吊装塑料护套线线路的安装

钢索吊装塑料护套线线路安装时，采用铝线卡将塑料护套线固定在钢索上，使用塑料接线盒与接线盒安装钢板将照明灯具吊装在钢索上，如图 6-41 所示。

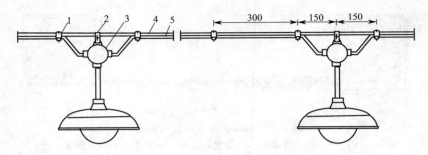

图 6-41　钢索吊装塑料护套线
1—铝片线卡；2—固定夹板；3—塑料接线盒；4—钢索；5—塑料护套线

　　钢索吊装塑料护套线布线时，照明灯具一般使用吊链灯，灯具吊链可用螺栓与接线盒固定钢板下端的螺栓连接固定。当采用双链吊链灯时，另一根吊链可用图 6-42 的 20mm×1mm 吊卡和 M6×20 螺栓固定。

　　（3）钢索吊装线管线路的安装

　　钢索吊装线管线路是采用扁钢吊卡将钢管或硬质塑料管以及灯具吊装在钢索上，并在灯具上装好铸铁吊灯接线盒。

　　钢索吊装线管线路安装时，首先按设计要求确定好灯具的位置，测量出每段管子的长度，然后加工。使用的钢管或电线管应首先进行校直，然后切断、套丝、煨弯。使用硬质塑料管时，要先煨管、切断，为布管的连接做好准备工作。在吊装钢管布管时，应按照先干线后支线的顺序进行，把加工好的管子从始端到终端按顺序连接，管与铸铁接线盒的丝扣应拧牢固。将布管逐段用扁钢吊卡与钢索固定。

　　扁钢吊卡的安装应垂直，平整牢固，间距均匀，每个灯位接线盒应用两个吊卡固定，钢管上的吊卡距接线盒间的最大距离不应大于 200mm，吊卡之间的间距不应大于 1500mm。

　　当双管平行吊装时，可将两个管吊卡对接起来进行吊装，管与钢索的中心线应在同一平面上。此时灯位处的铸铁接线盒应吊两个管吊卡与下面的布管吊装。

　　吊装钢管布线完成后，应做整体的接地保护，管接头两端和接线盒两端的钢管应用适当的圆钢作焊接地线，并应与接线盒焊接。钢索吊装线管配线如图 6-42 所示。

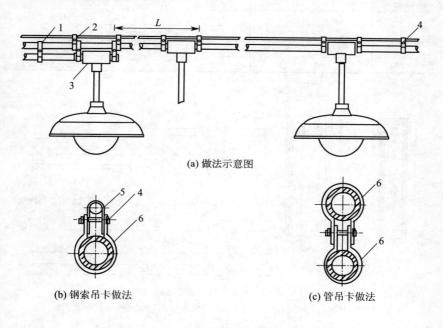

(a) 做法示意图

(b) 钢索吊卡做法

(c) 管吊卡做法

图 6-42　钢索吊管配线

1—管吊卡；2—钢索吊卡；3—接线盒；4—螺栓；5，6—20×1 吊卡

注：$L \leqslant 1500$（钢管）、1000（塑管）

应该注意的是钢索配线敷设后，若弛度大于 100mm，则会影响美观。此时，应增设中间吊钩（用直径不小于 8mm 的圆钢制成），中间吊钩固定点间的距离不应大于 12m。

6.4.2　塑料线槽的明配线

（1）塑料线槽无附件安装

塑料线槽无附件敷设方法如图 6-43～图 6-46 所示。

（2）塑料线槽有附件安装

塑料线槽有附件安装时十字接（合式）、三通（合式）、直转角（合式）固定点分布和数量见表 6-3。

表 6-3　塑料线槽有附件安装固定点数量

线槽宽 W/mm	a/mm	b/mm	固定点数量			固定点位置
			十字接	三通	直转角	
25			1	1	1	在中心点
40	20		4	3	2	在中心线
60	30		4	3	2	
100	40	50	9	7	5	一处在中心点

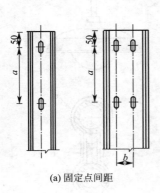

(a) 固定点间距

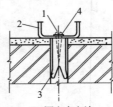

(b) 固定点方法

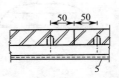

(c) 槽底与槽盖的对接缝排列

槽宽度/mm	a/mm	b/mm
25	500	—
40	800	—
60	1000	30
80、100、120	800	50

图 6-43　线槽底固定点

1—中圆头木螺钉；2—槽底；3—塑料胀管；4—垫圈；5—槽盖

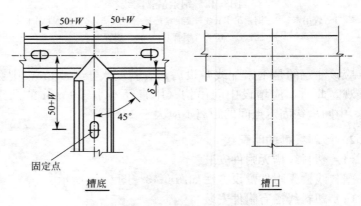

图 6-44　塑料线槽分支敷设

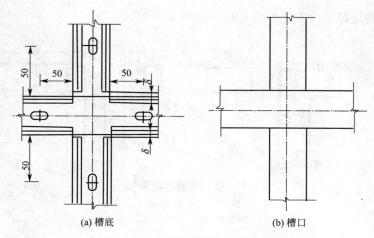

(a) 槽底　　　　　　　　　　　　(b) 槽口

图 6-45　塑料线槽十字交叉敷设

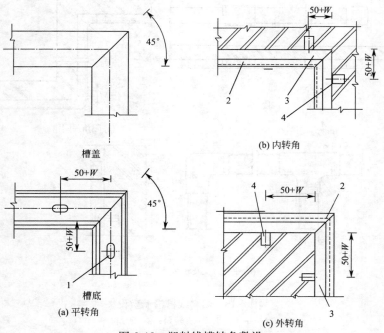

槽盖

(b) 内转角

槽底

(a) 平转角

(c) 外转角

图 6-46　塑料线槽转角敷设

1—固定点；2—槽盖；3—槽底；4—塑料胀管

塑料线槽敷设方法如图 6-47～如图 6-49 所示。

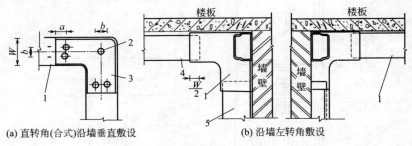

(a) 直转角(合式)沿墙垂直敷设

(b) 沿墙左转角敷设

图 6-47 塑料线槽沿墙转角敷设

1—线槽；2—中心点；3—去盖后；
4—向左敷设段；5—向下敷设段

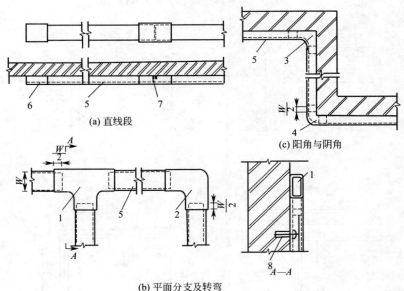

(a) 直线段

(c) 阳角与阴角

(b) 平面分支及转弯

图 6-48 塑料线槽沿墙敷设

1—平三通；2—直转角；3—阴角；
4—阳角；5—线槽；6—终端头；
7—连接头；8—塑料胀管

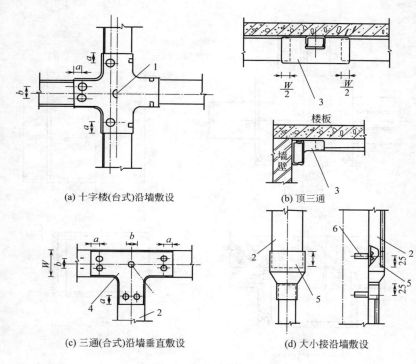

(a) 十字楼(台式)沿墙敷设

(b) 顶三通

(c) 三通(合式)沿墙垂直敷设

(d) 大小接沿墙敷设

图 6-49　塑料线槽特殊部位敷设

1—中心点；2—线槽；3—顶三通；

4—去盖后；5—大小接；6—塑料胀管

（3）塑料线槽接线箱（盒）安装

a. 接线箱应按线槽宽度、线槽并列的条数和在箱盖上安装电器的外形尺寸选择接线箱的规格。PVC 的接线箱用木螺钉固定，FS 系列的固定螺钉随产品配套供应。其安装方法如图 6-50 所示。

b. 塑料接线盒安装方式如图 6-51 所示，接线盒壁上的孔按接线盒插孔或线槽尺寸切割。

c. 塑料线槽灯头盒安装方式如图 6-52 所示。

（4）明敷线槽导线敷设

a. 线槽组装成统一整体并经清扫后，才允许将导线装入线槽

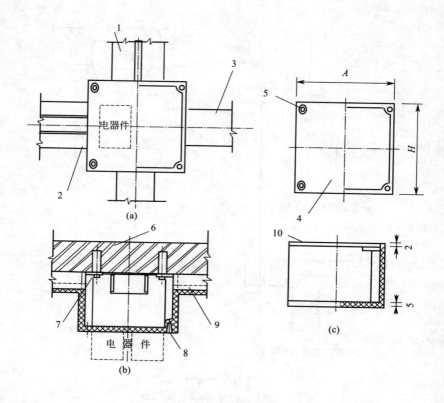

图 6-50　接线箱与塑料线槽安装

1—两个线槽并列；2—三个线槽并列；3—单线槽；4—在箱盖上可安装电器件；
5—箱盖固定孔；6—塑料胀管；7,8—木螺钉；9—塑料线槽；10—塑料绝缘板

内。清扫线槽时，可用抹布擦净线槽内残存的杂物，使线槽内外保持清洁。

　　b. 放线前应先检查导线的选择是否符合设计要求。导线分色是否正确，放线时应边放边整理，不应出现挤压背扣、把结、损伤绝缘等现象，并应将导线按回路（或系统）绑扎成捆。绑扎时应采用尼龙绑扎带或线绳，不允许使用金属导线或绑线进行绑扎。导线绑扎好后，应分层排放在线槽内并作好永久性编号标志。

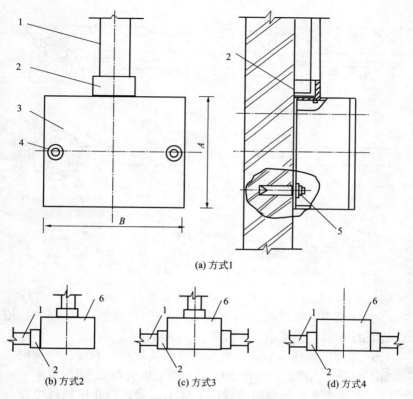

(a) 方式1

(b) 方式2　　　(c) 方式3　　　(d) 方式4

图 6-51　塑料接线盒安装方式

1—线槽；2—接线盒出口；3—接线盒及盒盖；4，5—木螺钉；6—接线盒

　　c. 电线或电缆在金属线槽内不宜有接头，但在易于检查的场所，可允许在线槽内有分支接头。电线或电缆和分支接头的总截面（包括外护层）不应超过该点线槽内截面的 75%。

　　d. 强电、弱电线路应分槽敷设，消防线路（火灾和应急呼叫信号）应单独使用专用线槽敷设。

　　e. 同一回路的所有相线和中性线（如果有）应敷设在同一线槽内。

　　f. 同一路径无抗干扰要求的线路，可敷设于同一金属线槽内。但同一线槽内的绝缘电线或电缆都应具有与最高标称电压回路绝缘

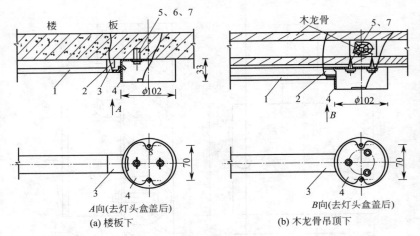

图 6-52　塑料线槽灯头盒安装
1—塑料线槽盖；2—塑料线槽底；3—接线盒插口；
4—灯头盒；5—木螺钉；6—塑料胀管；7—垫圈

相同的绝缘等级。

　　g. 线槽内电线或电缆的总截面（包括外护层）不应超过线槽内截面的 20%，载流电线不宜超过 30 根。

　　h. 控制、信号或与其相类似的非载流导体，电线或电缆的总截面不应超过线槽内截面的 50%，电线或电缆根数不限。

　　i. 在线槽垂直或倾斜敷设时，应采取措施防止电线或电缆在线槽内移动，使绝缘造成损坏、拉断导线或拉脱拉线盒（箱）内导线。

　　j. 引出线槽的配管管口处应有护口，电线或电缆在引出部位不得遭受损伤。

6.5　导线连接

6.5.1　导线的连接方法

　　（1）铜芯导线

的连接铜芯导线的连接方法见表 6-4。

表 6-4　铜芯导线的连接

名称	连接方法	图示
单股铜芯导线的直接法	把两根芯线呈 X 形相交	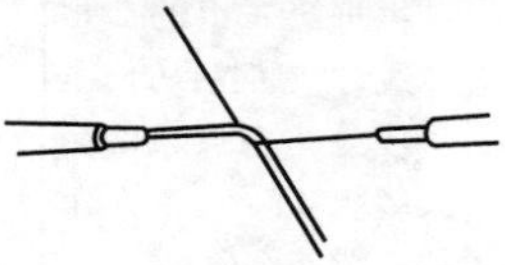
	两芯线互相绞合 3 圈	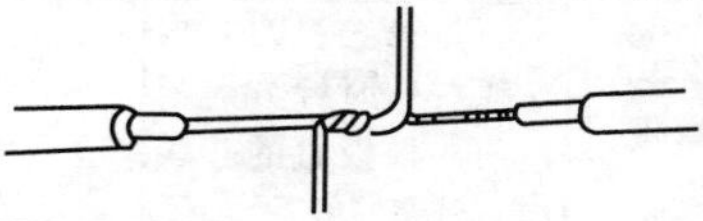
	扳直两芯线线端,分别紧贴另一根芯线缠绕 6 圈,余端割弃并钳平芯线末端	
单股铜芯导线的 T 字分支接法	把支路芯线的线头与干线芯线垂直相交	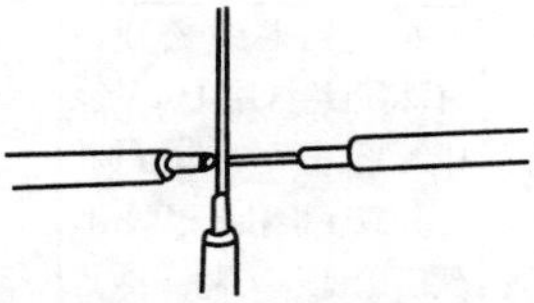
	按顺时针方向缠绕支路芯线	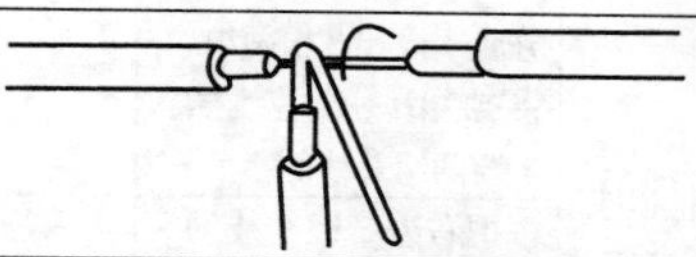
	缠绕 6~8 圈后,割弃余线并钳平芯线末端	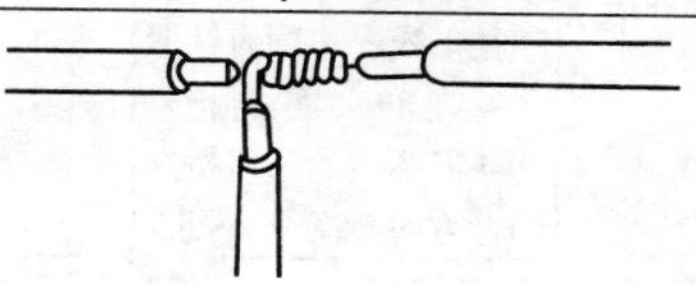
7 股芯线的直接法	将剖去绝缘层的芯线逐根拉直,绞紧占全长 1/3 的根部,把余下 2/3 的芯线分散成伞状	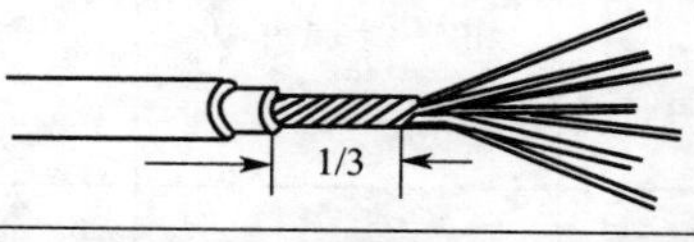
	把两个伞状芯线隔根对插,并捏平两端芯线	
	把一端的 7 股芯线按 2、2、3 根分成三组,接着把第一组 2 根芯线扳起,按顺时针方向缠绕 2 圈后扳直余线	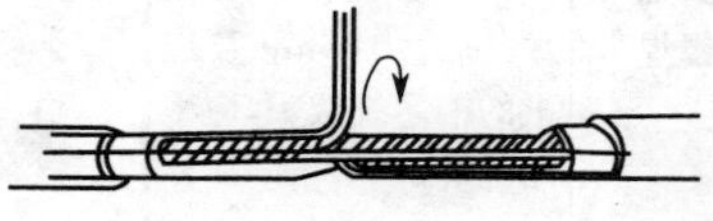

名称	连接方法	图示
7股芯线的直接法	再把第二组的2根芯线,按顺时针方向紧压住前2根扳直的余线缠绕2圈,并将余下的芯线向右扳直	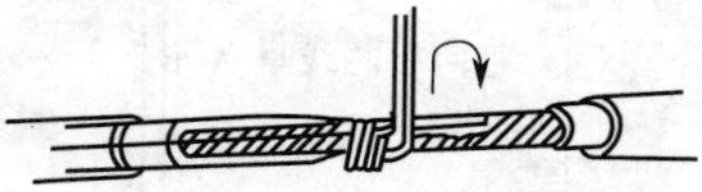
	再把第三组的3根芯线按顺时针方向紧压前4根扳直的芯线向右缠绕	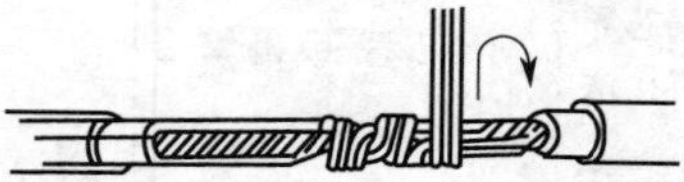
	缠绕3圈后,弃去每组多余的芯线,钳平线端。用同样方法再缠绕另一边芯线	
7股铜芯线T字分支接法	把支路芯线松开钳直,将近绝缘层1/8处线段绞紧,把7/8线段的芯线分成4根和3根两组,然后用螺丝刀将干线也分成4根和3根两组,并将支线中一组芯线插入干线两组芯线间	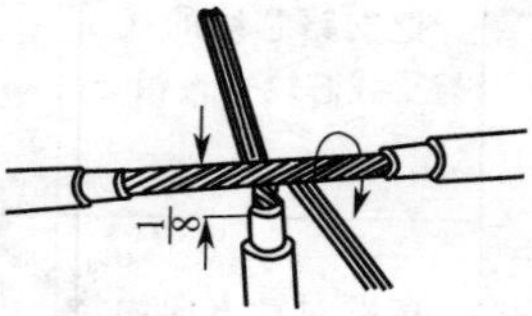
	把右边3根芯线的一组往干线一边顺时针紧紧缠绕3~4圈,再把左边4根芯线的一组按逆时针方向缠绕4~5圈	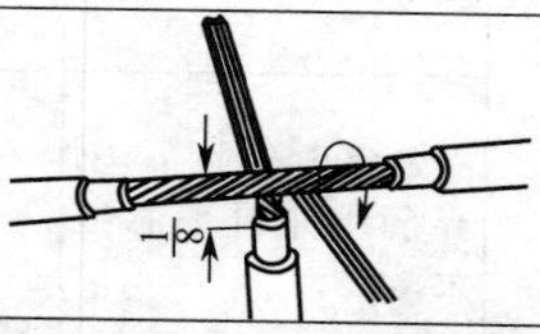
	钳平线端并切去余线	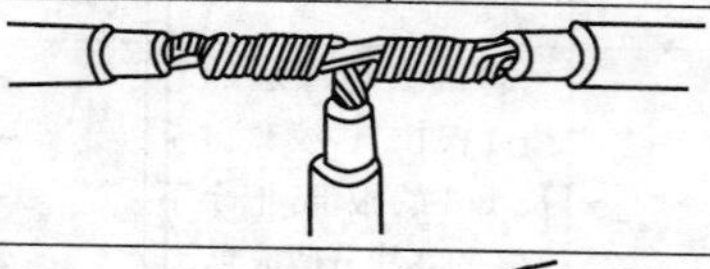
接头处的锡焊	对于10mm²及以下的铜芯线接头,可用150W电烙铁进行锡焊;对于16mm²及以上的铜芯线接头,应采用浇焊法	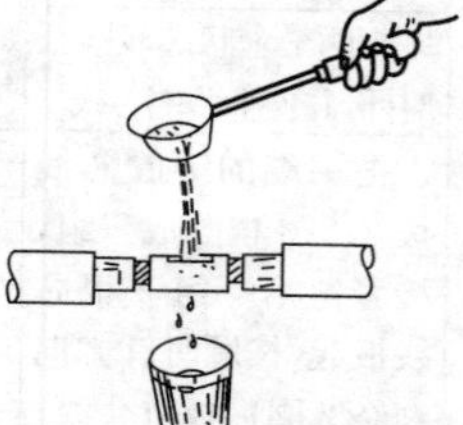

（2）线头与接线桩的连接

线头与接线桩的连接方法见表 6-5。

表 6-5　线头与接线桩的连接

名称	连接方法	图示
线头与针孔式接线桩连接	如单股芯线与接线桩头插线孔大小适宜，则把芯线线头插入针孔并旋紧螺钉。如单股芯线较细，可将芯线线头折成双根，插入针孔再旋紧螺钉	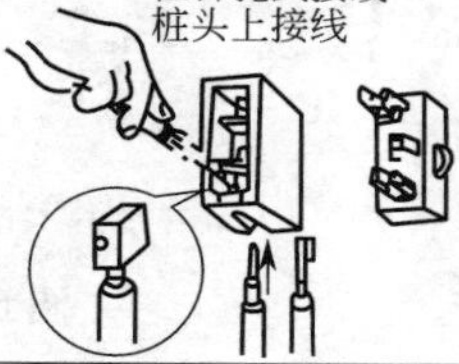 在针孔式接线桩头上接线
线头与螺钉压接式接线桩的连接	对于较小截面单股芯线，则必须将线头按螺钉旋紧方向弯成羊眼圈；对于较大截面芯线，则应装上接线耳，由接线耳与接线桩连接	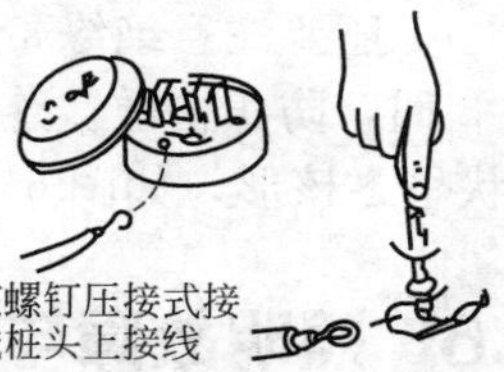 在螺钉压接式接线桩头上接线

6.5.2　绝缘包扎

（1）基本要求

a. 在包扎绝缘带前，应先检查导线连接处是否有损伤线芯，是否连接紧密，以及是否存有毛刺，如有毛刺必须先修平。

b. 缠包绝缘带必须掌握正确的方法，才能达到包扎严密、绝缘良好，否则会因绝缘性能不佳而造成短路或漏电事故。

（2）包扎工艺

a. 绝缘带应先从完好的绝缘层上包起，先裹入 1～2 个绝缘带的带幅宽度开始包扎，在包扎过程中应尽可能地收紧绝缘带。直线路接头时，最后在绝缘层上缠包 1～2 圈，再进行回缠。

b. 用高压绝缘胶布包缠时，应将其拉长 2 倍进行包缠，并注意其清洁，否则无黏性。

c. 采用黏性塑料绝缘包布时，应半叠半包缠不少于 2 层。当用黑胶布包扎时，要衔接好。应用黑胶布的黏性使之紧密地封住两端口，并防止连接处线芯氧化。

d. 并接头绝缘包扎时，包缠到端部时应再多缠 1～2 圈，然后由此处折回反缠压在里面，应紧密封住端部，如图 6-53（a）所示。

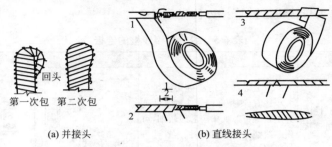

(a) 并接头   (b) 直线接头

图 6-53 绝缘包扎工艺示意图

e. 还要注意绝缘带的始端不能露在外部，终端应再反向包扎 2～3 回，防止松散。连接线中部应多包扎 1～2 层，使之包扎完的形状呈枣核形，如图 6-53（b）所示。

6.6 照明故障与处理

6.6.1 电气照明电路的故障检查方法

（1）观察法

问：在故障发生后，应首先进行调查，向出事故时在场者或操作者了解故障前后的情况，以便初步判断故障种类及发生的部位。

闻：有无由于温度过高烧坏绝缘而发出的气味。

听：有无放电等异常响声。

看：沿线路巡视，检查有无明显问题，如导线破皮、相碰、断线、灯丝断、灯口有无进水和烧焦等，特别是大风天气中有无碰线、短路放电、打火花、起火冒烟等现象，然后再进行重点部位检查。

摸：当线路负荷过载或发生短路时，温度会明显上升，可用手去摸电气电路来判断。

（2）测试法

对线路、照明设备进行直观检查后，应充分利用试电笔、万用表、试灯等进行测试。但应注意当有缺相时，只用试电笔检查是否有电是不够的。当线路上相线间接有负荷（如变压器、电焊机等）

而测量断路相时，试电笔也会发光而误认为该相未断。这时应使用万用表交流电压挡测试，才能准确判断是否缺相。

（3）支路分段法

可按支路或用"对分法"分段检查，缩小故障范围，逐渐逼近故障点。

对分法即在检查有断路故障的电路时，大约在一半的部位找一个测试点，用试电笔、万用表、试灯等进行测试。若该点有电，说明断路点在测试点负荷一侧；若该点无电，说明断路点在测试点电源一侧。这时应在有问题的"半段"的中部再找一个测试点，依次类推，就能很快趋近断路点。

6.6.2 照明电路的常见故障检查

（1）照明电路短路故障

① 故障现象

熔断器熔体熔断，短路点处有明显烧痕、绝缘炭化，严重时会使导线绝缘层烧焦甚至引起火灾。

② 故障原因

a. 安装不符合规格，多股导线未拧紧，压接不紧，有毛刺。

b. 相线、零线压接松动，两线距离过近，当遇到某些外力时，使其相碰造成相线对零线短路或相间短路；螺口灯头、顶芯与螺纹部分松动，装灯泡时使灯芯与螺纹部分相碰短路。

c. 恶劣天气影响，如大风使绝缘支持物损坏，导线相互碰撞、摩擦，使导线绝缘损坏，引起短路；又如雨天使电气设备的防水设施损坏，进而使雨水进入电气设备造成短路。

d. 电气设备使用环境中有大量导电尘埃，因防尘设施不当，使导电尘埃落入电气设备中引起短路。

e. 人为因素，如土建施工时将导线、配电盘等临时移动位置，处理不当，施工时误碰架空线或挖土时损伤土中电缆等。

③ 故障检查

短路故障的查找一般采用分支路、分段与重点部位相结合的方法，可利用试灯进行检查。

将被电线路所有支路上的开关均置于断开位置，把线路的总开关拉开，将试灯串接在被测电路中（可将该电路上总熔断器的熔体取下，将试灯串接在压接熔体的位置），如图 6-54（a）所示，然后闭合总开关。如此时试灯能正常发光，说明该电路确有短路故障且短路故障在电路干线上，而不在支线上；如试灯不亮，说明该电路干线上没有短路故障，而故障点可能在支线上，下一步应对各支路按同样的方法进行检查。在检查到直接接照明负荷的支路时，可顺序将每盏灯的开关闭合，并在每合一个开关的同时，观察试灯能否正常发光，如试灯不能正常发光，说明故障不在此灯的电路上；如在合至某一盏灯时，试灯正常发光，说明故障在此灯的接线中，如图 6-54（b）所示。

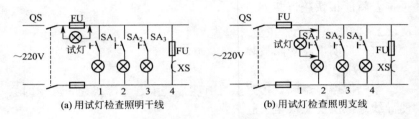

(a) 用试灯检查照明干线 (b) 用试灯检查照明支线

图 6-54 用试灯检查照明电路

（2）照明电路断路故障

① 故障现象

相线、零线断路后，负荷将不能正常工作，如三相四线制供电线路负荷不平衡时，当零线断线后造成三相电压不平衡，负荷大的一相电压低，负荷小的一相电压高。若负荷是白炽灯，会出现一相灯光暗淡，而接在另一相上的灯又变得很亮，同时零线断口负荷侧将会出现对地电压。单相线路出现断线时，负荷将不工作。

② 故障原因

a. 负荷过大使熔体烧断。

b. 开关触点松动，接触不良。

c. 导线断线，接头处腐蚀严重（特别是铜、铝线未采用铜铝过渡接头而直接连接）。

d. 安装时导线接头处压接不实，接触电阻过大，造成局部发热引起连接处氧化。

e. 大风恶劣天气，使导线断线。

f. 人为因素，如搬运过高物品将电线碰断，由于施工作业不注意将电线碰断及人为碰坏等。

③ 故障检查

可用试电笔、万用表、试灯等进行测试，采用分段（参照三相异步电动机故障查找方法）查找与重点部位检查相结合进行，对较长线路可采用对分法查找断路点。

（3）照明电路漏电

① 故障原因

a. 相线与零线间绝缘受潮或损坏，产生相线与零线间漏电。

b. 相线与地线之间绝缘受损，而形成相线与地之间的漏电。

② 故障检查

a. 用兆欧表测量绝缘电阻值的大小，或在被测电路的总开关上接上一只电流表。断开负荷后接通电源，如电流表指针摆动说明有漏电，如电流表指针偏转多说明漏电大。确定漏电后，再进一步检查。

b. 切断零线，如电流表指示不变或绝缘电阻不变，说明相线与大地之间漏电。如电流表指示回零或绝缘电阻恢复正常，说明相线与零线之间漏电。如电流表指示变小但不为零，或绝缘电阻有所升高但仍不符合要求，说明相线与零线、相线与大地之间均有漏电。

c. 取下分路熔断器或拉开分路开关，如电流表指示或绝缘电阻不变，说明总线路漏电。如电流表指示回零或绝缘电阻恢复正常，说明分路漏电。如电流表指示变小但不为零，或绝缘电阻有所升高但仍不符合要求，说明总电路与分电路都有漏电，这样可以确定漏电的范围。

d. 按上述方法确定漏电的分路或线段后，再依次断开该段电路灯具的开关。当断开某一开关时，电流表指示回零或绝缘电阻正常，说明这一分支线漏电。如电流表指示变小或绝缘电阻有所升高，说明除这一支路漏电外，还有其他漏电处。如所有的灯具开关都断开后，电流表指示不变或绝缘电阻不变，说明该段干线漏电。

e. 用上述方法依次将故障缩小到一个较短的线段后，便可进一步检查该段线路的接头、接线盒、电线过墙处等是否有绝缘损坏情况，并进行处理。

（4）照明电路绝缘电阻降低

① 故障原因

由于电气照明线路使用年限过久引起绝缘老化、绝缘子损坏、导线绝缘层受潮或磨损等，使绝缘电阻降低。

② 故障检查

a. 线间绝缘电阻的测量。首先应切除用电设备，然后切断电源，用兆欧表测量线间绝缘电阻应符合有关要求，若不符合要求应进一步检查。

b. 线对地绝缘电阻的测量。切除电源，并将线路上的用电设备断开，把兆欧表的一个接线柱接到被测的一条导线上，兆欧表的另一个接线柱接到自来水管、电气设备的金属外壳或建筑物的金属外壳等与大地有良好接触的金属物体上，然后进行测量。

第**7**章

⚡ 家庭用电设备的安装

7.1 照明安装

7. 1. 1 常用照明控制电路

（1）通用白炽灯电路

① 一只单联开关控制电路

一只开关控制电路是最简单的照明布置，其原理图如图 7-1 所示。电源进线、开关进线、灯头接线均为 2 根导线（按规定 2 根导线可不画出其根数）。

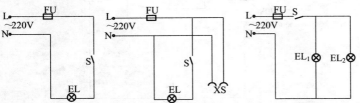

(a) 一只单联开关控制一盏灯 (b) 一只单联开关控制一盏灯(c) 一只单联开关控制两盏灯的电路
　　　　　　　　　　　　　　　　并另接一插座的电路

图 7-1　一只单联开关控制电路

② 两只双联开关控制电路

图 7-2(a)所示为两只单联开关控制两盏灯电路。这种电路可扩展为多只单联开关控制多盏灯，也可加装插座。

图 7-2(b)所示为两只双联开关控制一盏灯电路。在图中所示开关位置时灯不亮。当扳动开关 S_1，接通 1，灯亮；扳动开关 S_2，接通 2，这时回路断开，灯灭。在安装双联开关时，应注意接线端头的正确连接。

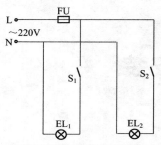

(a) 两只单联开关控制两盏灯的电路

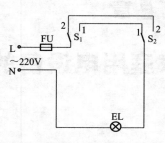

(b) 两只双联开关在两地控制一盏灯的电路

图 7-2　两只双联开关控制电路

③ 两只双联开关和一只三联开关在三处控制一盏灯

图 7-3 是三处控制一盏灯的电路图，其控制原理与两处控制一盏灯的原理相似。在图中所示开关位置时灯不亮，任意扳动一个开关，灯便亮；再任意扳动一下开关，灯就灭。

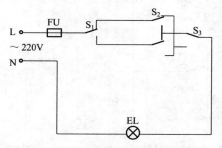

图 7-3　三只开关控制一盏灯的电路

（2）荧光灯电路

① 通用电路

如图 7-4 所示，零线直接接入灯管，实践证明可以延长灯管的使用寿命。

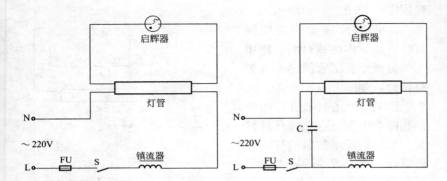

图 7-4　零线直接接入荧光灯管电路　　　图 7-5　具有无功补偿的荧光灯电路

② 具有无功补偿的荧光灯电路

由于镇流器为感性负载，要消耗一定的无功功率，致使整个荧光灯装置的功率因数偏低。为提高功率因数，可在电源侧并联一个电容器，如图 7-5 所示。

③ 带按钮开关的二极管低温启动电路

带按钮开关的二极管低温启动电路如图 7-6 所示。当启辉器接通时，二极管将交流整为脉动直流，因而镇流器的阻抗减小，使流过灯丝的瞬时电流增大，增加了电子发射能力，同时启辉器断开瞬间自感电动势也较高，故易点燃。

7.1.2　木台与灯座的安装

（1）木台（塑料台）安装

a. 木台与照明装置的配置要适当，不宜过大。一般情况下，木台应比灯具法兰或吊线盒、平灯座的直径或长、宽大 40mm。

b. 安装木台前，应先用电钻将木台的出线孔钻好；木台钻孔时，两孔不宜顺木纹。

c. 固定直径为 100mm 及以上木（塑料）台的螺钉不能少于两个；木（塑料）台直径在 75mm 及以下时，可用一个螺钉固定。木（塑料）台安装应牢固，紧贴建筑物表面无缝隙。安装木（塑料）台时，不能把导线压在木（塑料）台的边缘上。

d. 混凝土屋面暗配线路时，灯具木（塑料）台应固定在灯位盒的缩口盖上。安装在铁制灯位盒上的木（塑料）台，应用机械螺栓固定，如图7-7(a)所示。

e. 混凝土屋面明配线路时，应预埋木砖或打洞，使用木螺钉或塑料胀管固定木（塑料）台，如图7-7(b)所示。

f. 对于空心楼板孔穿线或板孔配管工程，应在板孔外打洞，放置铁板或塑料横杆或T形螺栓、伞形螺栓固定木（塑料）台，如图 7-7（c）、（d）所示。

g. 在木梁或木结构的顶棚上，可用木螺钉直接把木（塑料）台拧在木头上。较重的灯具必须固定在楞木上，如不在楞木位置，必须在顶棚内加固。

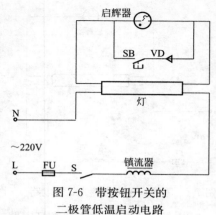

图 7-6 带按钮开关的
二极管低温启动电路

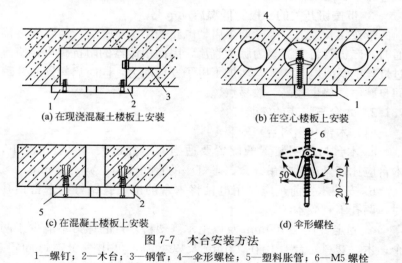

(a) 在现浇混凝土楼板上安装　　　　(b) 在空心楼板上安装

(c) 在混凝土楼板上安装　　　　　　(d) 伞形螺栓

图 7-7　木台安装方法

1—螺钉；2—木台；3—钢管；4—伞形螺栓；5—塑料胀管；6—M5 螺栓

h. 塑料护套线直敷配线的木（塑料）台，按护套线的粗度挖槽，将护套线压在木（塑料）台下面，在木（塑料）台内不得剥去护套绝缘层。

i. 在潮湿场所除要安装防水防潮灯外，还要在木台与建筑物表面安装橡胶垫。橡胶垫的出线孔不应挖大孔，应一线一孔，孔径与线径相吻合。木台四周应刷一道防水漆，再刷两道白漆，以保持木质干燥。

（2）胶木平灯座安装

a. 把瓷（胶木）平灯座与木（塑料）台固定好。用胶木平灯座时，最好使用带台座灯头。

b. 把相线接到与平灯座中心触点相连接的接线桩上，把零线接在与平灯座螺口触点相连接的接线桩上。应注意在接线时防止螺口及中心触点固定螺钉松动，以免发生短路故障。

c. 导线接好后把木（塑料）台固定在灯位盒的缩口盖上。

d. 如果平灯座安装在潮湿场所，应使用瓷质平灯座，且木（塑料）台与建筑物墙面或天棚之间要垫橡胶垫，橡胶垫应选厚2~3mm，且应比木（塑料）台大5mm。

7.1.3 开关与插座的安装

（1）拉线开关的安装

a. 暗配线安装拉线开关，可以装设在暗配管的八角盒上，先将拉线开关与木（塑）台固定好，在现场一并接线及固定开关连同木（塑料）台，如图7-8所示。

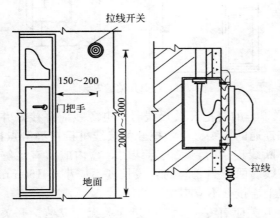

图7-8 拉线开关的安装

b. 明配线安装拉线开关，应先固定好木（塑料）台，拧下拉线开关盖，把两个线头分别穿入开关底座的两个穿线孔内，用两个直径≤20mm 木螺钉将开关底座固定在木（塑料）台上，把导线分别接到接线桩上，然后拧上开关盖。注意拉线口应垂直朝下不使拉线口发生摩擦，防止拉线磨损断裂。

c. 多个拉线开关并装时，应使用长方形木台，拉线开关相邻间距不应小于 20mm。

d. 安装在室外或室内潮湿场所的拉线开关，应使用瓷质防水拉线开关。

（2）跷把开关的安装

a. 灯开关的安装位置应便于操作，开关按要求一般距离地面 1.3m，如图 7-9 所示。医院儿科门诊、病房灯开关不应低于 1.5m。拉线开关一般距地面 2～3m 或距顶棚 0.25～0.3m，灯开关安装在门旁时距离门框边 0.15～0.2m。

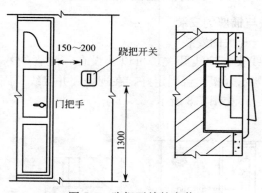

图 7-9　跷把开关的安装

b. 双联以上的跷把开关接线时，电源线应并接好并分别接到与动触点相连通的接线桩上，把开关接线桩接在静触点接线桩上。如果采用不断线连接时，管内穿线时，盒内应留有足够长度的导线，开关接线后两开关之间的导线长度不应小于 150mm，且在线芯与接线桩上连接处不应损伤线芯。

c. 暗装开关应有专用盒，严禁开关无盒安装。开关周围抹灰处应尺寸正确、阳角方正、边缘整齐、光滑。墙面裱糊工程在开关盒处应交接紧密、无缝隙。饰面板（砖）镶贴时，开关盒处应用整砖套割吻合，不准用非整砖拼凑镶贴，如图 7-10 所示。

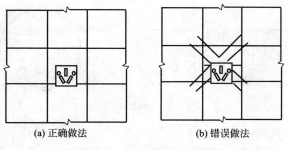

(a) 正确做法　　　　　　　(b) 错误做法

图 7-10　八角盒缩口盖外形图

d. 跷把开关无论是明装还是暗装，均不允许横装，即不允许把手柄处于左右活动位置，因为这样安装容易因衣物勾拉而发生开关误动作。

（3）插座的安装

a. 插座安装前与土建施工的配合以及对电气管、盒的检查清理工作应同开关安装同时进行。暗装插座应有专用盒，严禁无盒安装。

b. 插座是长期带电的电器，是线路中最易发生故障的地方。插座的接线孔都有一定的排列位置，不能接错。尤其是单相带保护接地的三孔插座，一旦接错，就容易发生触电伤亡事故。插座接线时，应仔细辨认识别盒内分色导线，正确地与插座进行连接。面对插座，对于单相双孔插座应水平排列，右孔接相线，左孔接中性线；对于单相三孔插座，上孔接保护地线（PEN），右孔接相线，左孔接中性线；对于三相四孔插座，保护接地（PEN）应在正上方，下孔从左侧分别接在 L_1、L_2、L_3 相线。同样用途的三相插座，相序应排列一致，如图 7-11 所示。

c. 交直流或电源电压不同的插座安装在同一场所，应有明显标志，便于使用时区别，且其插头与插座互相不能插入。

d. 插座接线完成后，将盒内导线顺直，也盘成圆圈状塞入盒内。

e. 插座面板的安装不应倾斜，面板四周应紧贴建筑物表面，无缝隙、孔洞。面板安装后表面应清洁。

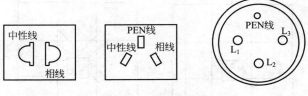

图 7-11　插座的安装

7.1.4　灯具的安装

（1）软线吊灯的安装

几种吊灯的做法如图 7-12 所示。

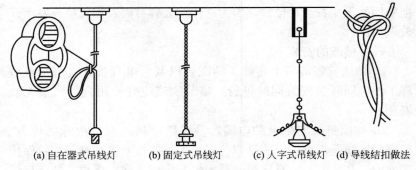

(a) 自在器式吊线灯　　(b) 固定式吊线灯　　(c) 人字式吊线灯　　(d) 导线结扣做法

图 7-12　软线吊灯的安装

① 软线加工

截取所需长度（一般为 2m）的塑料软线，两端剥出线芯拧紧（或制成羊眼圈状）挂锡。

② 灯具组装

拧下吊灯座和吊线盒盖，将吊线盒底与木（塑料）台固定牢，把软线分别穿过灯座和吊线盒盖的孔洞，然后打好保险扣，防止灯座和吊线盒螺钉承受拉力。将软线的一端与灯座的两个接线桩分别连接，另一端与吊线盒的邻近隔脊的两个接线桩分别相连接，并拧好灯座螺口及中心触点的固定螺钉，防止松动，最后将灯座盖拧好。吊盒内保险扣做法如图 7-12(d)所示。

③ 灯具安装

把灯位盒内导线由木（塑料）台穿线孔穿入吊线盒内，分别与底座穿线孔邻近的接线桩上连接，把零线接在与灯座螺口触点相连接的接线桩上，导线接好后用木螺钉把木（塑料）台连同灯具固定在灯位盒的缩口盖上。

（2）吊杆灯的安装

① 灯具组装

软线加工后，与灯座连接好，将另一端穿入吊杆内，由法兰（导线露出管口长度不应小于 150mm）管口穿出。

② 灯具安装

首先固定木台，然后把灯具用木螺钉固定在木台上，也可以把灯具吊杆与木台固定后再一并安装。超过 3kg 的灯具，吊杆应挂在预埋的吊钩上。灯具固定牢固后再拧好法兰顶丝，应使法兰在木台中心，偏差不应大于 2mm，安装好后吊杆应垂直，如图 7-13 所示。

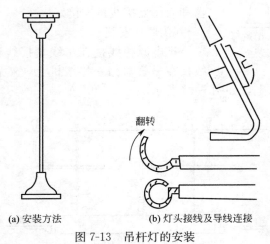

(a) 安装方法　　　　　　　(b) 灯头接线及导线连接

图 7-13　吊杆灯的安装

（3）吊链式普通吊灯的安装

① 软线加工

截取所需长度的软线，如前述方法加工，软线两端不需打结。

② 灯具组装

拧下灯座将软线的一端与灯座的接线桩进行连接，把软线由灯具下法兰穿出，拧好灯座。将软线相对交叉编入链孔内，最后穿入上法兰。

③ 灯具安装

把灯具线与电源线进行连接包扎后，将灯具上法兰固定在木台上，如图 7-14 所示。注意软线不能绷紧，以免承受灯具重量。

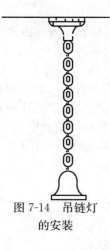

图 7-14 吊链灯
的安装

（4）简易吊链式荧光灯的安装

① 软线加工

根据不同需要截取不同长度的塑料软线，各连接线端均应挂锡。

② 灯具组装

把两个吊线盒分别与木台固定，将吊链与吊环安装为一体，把软线与吊链编花（或穿入软管），并将吊链上端与吊线盒盖用 U 形铁丝挂牢，将软线分别与吊线盒内的镇流器和启辉器接线桩连接好。

③ 灯具安装

把电源相线接在吊线盒接线桩上，把零线接在吊线盒另一接线桩上，然后把木台固定到接线盒上，如图 7-15 所示。

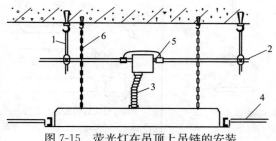

图 7-15 荧光灯在吊顶上吊链的安装
1—吊杆；2—电线管；3—金属软
管；4—吊顶；5—吊线盒；6—吊链

安装卡牢荧光灯管，进行灯脚接线，应把启辉器与双金属片相连的接线柱接在与镇流器相连的一侧灯脚上，另一接线柱接在与零线相连的一侧灯脚上，这样接线可以迅速点燃并可延长灯管寿命。

（5）壁灯的安装

a. 采用梯形木砖固定壁灯灯具时，木砖必须随墙砌入，禁止采用木楔代替。

b. 如果壁灯安装在柱上，将木台固定在预埋柱内的木砖或螺栓上，也可打眼用膨胀螺栓固定灯具木台，如图 7-16 所示。

c. 安装壁灯如需要设置木台时，应根据灯具底座的外形选择或制作合适的木台，把灯具底座摆放在上面，四周留出的余量要对称，确定好出线孔和安装孔位置，再用电钻在木台上钻孔。当安装壁灯数量较多时，可按底座形状及出线孔和安装孔的位置，预先做一个样板，集中在木台上定好眼位，再统一钻孔。

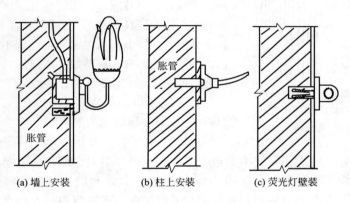

(a) 墙上安装　　　　(b) 柱上安装　　　　(c) 荧光灯壁装

图 7-16　壁灯的安装

d. 安装木台时，应将灯具导线一线一孔由木台出线孔引出，在灯位盒内与电源线相连接，将接头处理好后塞入灯位盒内。把木台对正灯位盒将其固定牢固，并使木台不歪斜，紧贴建筑物表面，再将灯具底座用木螺钉直接固定在木台上。

e. 如果灯具底座固定方式是钥匙孔式，则需在木台适当位置上先拧好木螺钉，螺钉头部留出木台的长度应适当，防止灯具松动。

f. 同一工程中成排安装的壁灯，安装高度应一致，高低差不应大于 5mm。

（6）吊杆式花灯的安装

a. 首先将导线截取适当长度，一端剥出线芯，盘圈挂锡后与各个灯座连接好，另一端导线从各个灯座处穿入到灯具本身的接线盒里，理顺各个灯座的相线和工作零线，根据相序或控制回路方式分别用瓷接头连接，并甩出电源引线。最后把电源引入线从吊杆穿出或由吊链内交叉编花由灯具上部法兰引出。

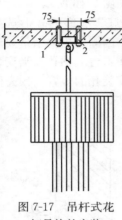

图 7-17 吊杆式花
灯吊钩的安装
1—预埋钢管；2—螺栓

b. 花灯均应固定在预埋的吊钩上，方法参见吊扇安装部分。也可按图 7-17 所示预埋钢管制作吊钩。应确保吊钩能承受四倍以上灯具的重力，达到安全使用的目的。

c. 将拼装好的成品或半成品灯具托起，并把预埋好的吊钩与灯具的吊钩或吊链连接好，连接好导线并应将绝缘层包扎严密，理顺后向上推起灯具上部法兰，将导线的接头扣于其内，并将上部法兰紧贴顶棚或木台表面，拧紧固定螺栓，调整好各个灯座，上好灯泡，最后再配上灯罩并挂好装饰部件。

（7）吸顶灯的安装

① 普通吸顶灯的安装

a. 安装有木台的吸顶灯，在确定好的灯位处，应先将导线由木台的出线孔穿出，再根据结构的不同，采用不同的方法安装，如图 7-18（a）所示。木台固定好后，将灯具底板与木台进行固定。若灯泡与木台接近，要在灯泡与木台之间铺垫 3mm 厚的石棉板或石棉布隔热。

b. 质量超过 3kg 的吸顶灯，应把灯具或木台直接固定在预埋螺栓上，或用膨胀螺栓固定，如图 7-18(b)所示。

c. 当建筑物顶棚表面平整度较差时，可以不使用木台，而使用空心木台，使木台四周与建筑物顶棚接触，易达到灯具紧贴建筑物表面无缝隙的标准。

d. 在灯位盒上安装吸顶灯，其灯具或木台应完全遮盖住灯位盒。

② 荧光吸顶灯的安装

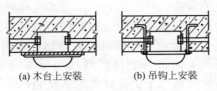

(a) 木台上安装　　　(b) 吊钩上安装

图 7-18　普通吸顶灯的安装

a. 根据已敷设好的灯位盒位置，确定荧光灯的安装位置。在灯箱的底板上用电钻打好安装孔，并在灯箱上对着灯位盒的位置同时打好进线孔。

b. 安装时，在进线孔处套上软塑料保护管保护导线，将电源线引入灯箱内，固定好灯箱，使其紧贴在建筑物表面上，并将灯箱调整顺直。

c. 灯箱固定后，将电源线压入灯箱的端子板（或瓷接头）上。无端子板（或瓷接头）的灯箱，应把导线连接好，把灯具的反光板固定在灯箱上，最后把荧光管装好，如图 7-19 所示。

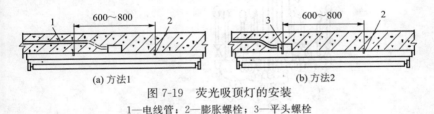

(a) 方法1　　　　　　　　　(b) 方法2

图 7-19　荧光吸顶灯的安装

1—电线管；2—膨胀螺栓；3—平头螺栓

（8）组合式花灯吸顶的安装

a. 对齐边框并用螺栓固定，将其连成一体，然后按照产品样本或示意图把多个灯座安装好，如图 7-20 所示。

b. 确定出线和走线的位置，量取各段导线的长度，剪断并剥出线芯，盘好圈后挂锡。然后连接好各个灯座，理顺好各灯座的相线和中性线，用线卡子分别固定，并按要求分别压入端子板（或瓷接头）。

c. 安装灯具时可根据预埋螺栓和灯具盒的位置，用电钻开好出线孔。如没有预埋螺栓可以根据灯具托板上的安装孔，并考虑预埋灯位盒的位置，采用射钉螺栓固定灯具托板。

d. 准备工作就绪后，将灯具托起，把盒内电源线和从灯具出线孔甩出的导线连接并包扎严密，要尽可能地将导线塞入到灯位盒内，然后把安装孔对准预埋螺栓，用螺母将其拧紧。

e. 调整好各个灯座，悬挂好各种装饰物，并安装好灯泡。

f. 组合花灯的安装要特别注意灯具与屋顶安装面连接的可靠性，连接处必须承受相当于 4 倍灯具的重量而不变形。

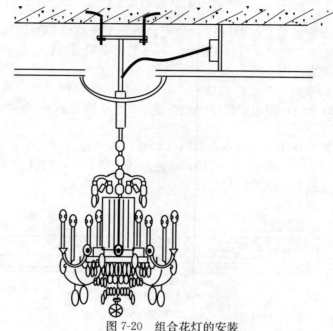

图 7-20　组合花灯的安装

（9）嵌入式灯具的安装

① 顶棚开孔

a. 嵌入式灯具镶嵌在顶棚中，嵌入筒灯一般应安装在吊顶的罩面板上。

b. 嵌入式灯具应采用曲线锯挖孔，灯具与吊顶面板保持一致，其他小型灯具安装在龙骨上，大型嵌入式灯具安装时则应采用在混凝土板中伸出支撑铁架、铁件连接的方法。

c. 灯具安装前应熟悉样本，了解灯具的形式及构造，以便确定预埋件位置和开孔位置的大小。

d. 先以罩面板按嵌入式灯开口大小围合成孔洞边框，此边框（边框一般为矩形）即为灯具提供连接点。大的吸顶灯可在龙骨上需补强部位增加附加龙骨，做成圆开口或方开口，如图 7-21 所示。

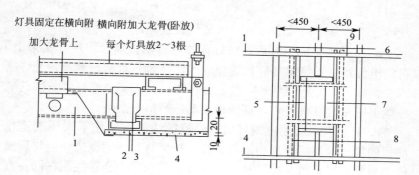

图 7-21　嵌入式灯具顶棚开孔方法
1—大龙骨；2—中龙骨横撑；3—中龙骨垂直吊插件；
4—吊顶板材；5—附加中龙骨横撑；6—中龙骨；
7—横向附加大龙骨；8—纵向附加大龙骨；9—大龙骨吊点

② 灯具安装

a. 大（重）型嵌入式灯具应根据灯具的外形尺寸，确定支架的支撑点，再根据灯具的具体质量经过认真核算，选用合适的型材制作支架，做好后根据灯具的安装位置，用预埋件或膨胀螺栓把支架固定牢固。嵌入式灯具与吊顶连接固定做法如图 7-22 所示。

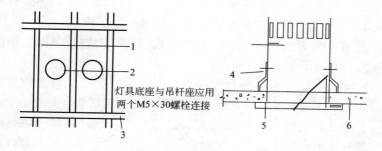

图 7-22　嵌入式灯具安装示意图
1—中龙骨；2—灯具；3—大龙骨；4—卡件；5—压边；6—吊顶板材

b. 固定质量在 8kg 的大（重）型灯具，在楼（屋）面施工时就应把预埋件预埋好，埋设的位置要准确。如施工中出现误差，为使灯具位置准确，在与灯具上支架相同的位置上另吊龙骨。此龙骨上面与预埋件相连接的吊筋连接，下面与灯具上的支架连接，这样既可保证灯具牢固安全，又可保证位置准确。

c. 灯具支架固定好后，将灯具的灯箱用机螺栓固定在支架上，再将电源线引入灯箱与灯具的导线连接并包扎紧密。调整各个灯座或灯脚，装上灯泡或灯管，并上好灯罩，最后调整好灯具。灯具电源线不应贴近灯具外壳，灯线长度要适当留有余量。

d. 对于嵌入顶棚内的灯具，灯罩的边框应压住罩面板或遮住面板的板缝，并应与顶棚面板紧贴。矩形灯具的边框边缘应与顶棚面的装修直线平行。如灯具对称安装，其纵横中心轴线应在同一直线上，偏差不应大于 5mm。

e. 对于多支荧光灯组合的开启式嵌入灯具，灯管排列应整齐，灯内隔片或隔栅安装排列整齐，不应有弯曲、扭斜现象。

（10）景观照明及节日彩灯的安装

① 景观照明的安装

a. 景观照明通常采用泛光灯，投光的设置应能表现建筑物或构筑物的特征，并能显示出建筑艺术立体感。

b. 在离开建筑物处地面安装射灯时，为了能得到均应的亮度，灯与建筑物的距离与建筑物高度之比不应小于 1/10。

c. 在建筑物本体上安装泛光灯时，投光灯凸出建筑物的长度应在 0.7～1.0m 处，应使窗墙形成均匀的光幕效果。

d. 安装景观照明时，应使整个建筑物或构筑物受照面上半部的平均亮度为下半部的 2～4 倍为宜。

e. 景观照明尽量不要设置在顶层向下，因为投光灯要伸出墙一段距离，不但难安装、难维护，而且有碍建筑物外表美观。

f. 对于顶层有旋转餐厅的高层建筑，如果旋转餐厅外墙与主体建筑外墙不在一个面内，很难从上部照到整个轮廓，因此宜在顶层加辅助照明，增设节日彩灯。

几种射灯的安装方法如图 7-23 所示。

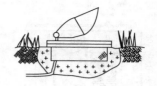

(a) 顶板吊架安装　　　　(b) 坐地安装　　　　(c) 草坪内安装

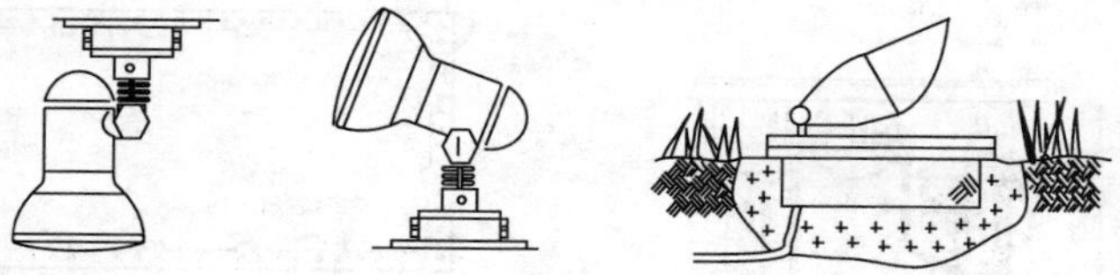

图 7-23　射灯的安装方法

② 屋顶彩灯的安装

a. 屋顶彩灯装置的做法如图 7-24（b）所示，灯间距离一般为 600mm，每个灯泡的功率不宜超过 15W，节日彩灯每一单相回路不宜超过 100 个。

b. 屋顶彩灯装置的配管本身也可不进行固定，而固定彩灯灯具底座。在彩灯灯座的底部原有圆孔部位的两侧，顺线路方向开一长孔，以便安装时进行固定位置的调整和管路热胀冷缩时有自然调整的余地。

c. 安装彩灯装置时，应使用钢管敷设，使用非金属管是非常危险的。连接彩灯灯具的每段管路应用管卡以膨胀螺栓固定，管路之间（即灯具两旁）应用不小于 $\phi 6mm$ 的镀锌圆钢进行跨接连接。

d. 彩灯装置的钢管应与避雷带（网）进行连接，并应在建筑物上部将彩灯线芯与接地管路之间接以避雷器或放电间隙，借以控制放电部位，减少线路损失。

e. 悬挂式彩灯多用于建筑物四周无法固定式的部位。采用防水吊线灯头连同线路一起悬挂于钢丝绳上。悬挂式彩灯导线应采用绝缘强度不低于 500V 的橡胶铜导线，截面积不应小于 $4mm^2$。灯头线与干线的连接应牢固，绝缘包扎紧密。导线所载有的灯具的拉力不应超过该导线的允许机械强度。如图 7-24（a）所示，灯间距一般为 700mm，距地面 3m 以下的位置上不允许装设灯头。

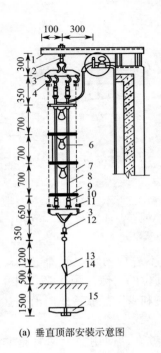

(a) 垂直顶部安装示意图

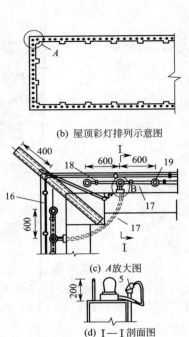

(b) 屋顶彩灯排列示意图

(c) A放大图

(d) I—I剖面图

图 7-24　建筑物彩灯安装方法

1—槽钢；2—开口吊钩螺栓；3—梯形拉板；4—开口吊钩；

5—防水弯头；6—防水吊线灯；7—钢丝绳；8—聚氯乙烯绝缘线；

9—硬塑料管；10—瓷拉线绝缘子；11—钢丝绳卡子；12—花篮螺栓；

13—心形环；14—底把；15—底盘；16—避雷线；

17—电线管；18—管卡；19—彩灯

(11) 庭院灯的安装

a. 按照厂家说明书尺寸制作基础底座，预埋电线管、螺栓，螺栓不小于 M20×400。

b. 按照确定好的位置，挖坑将底座安置好。

c. 按照低压电缆敷设规程敷设电缆，并接好线。

d. 整个灯具立好后，拧紧基础螺栓，安装好的灯具如图 7-25 所示。

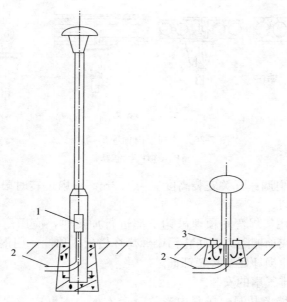

图 7-25　庭院灯的安装

1—镇流器；2—电线管；3—预埋螺栓

7.2　家庭用电设备安装

7.2.1　家电安装

（1）吊扇的安装

a. 吊扇安装前，应对预埋的吊钩进行检查。吊钩伸出建筑物的长度应以盖上吊扇吊杆护罩后，能将整个吊钩全部遮住为宜，如图 7-26(a)、(b) 所示。

b. 吊钩弯好后在挂上吊扇时，应使吊扇的重心和吊钩的直线部分处于同一直线上，如图 7-26(c) 所示。

c. 吊扇安装时，将吊扇托起，并用预埋的吊钩将吊扇的耳环挂牢，扇叶距地面的高度不应低于 2.5m。然后按接线图接好电源接线头，并包扎紧密，向上托起吊杆上的护罩，将接线扣于其内。护罩应紧贴建筑物或木（塑料）台，并拧紧固定螺钉。

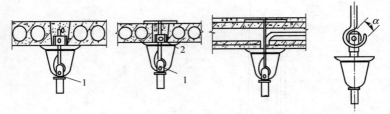

(a) 板缝内　　　　　　(b) 板孔内　(c) 吊扇重心与吊钩在同一直线

图 7-26　预制板内预埋吊钩做法

1—φ10 圆钢；2—出线盒

　　d. 吊扇调速开关安装高度应为 1.3m。吊扇运转时扇叶不应有显著的颤动。

　　e. 当用气焊弯曲预埋吊钩下部进行加热时，应用薄铁板与混凝土楼板或顶棚隔离，防止污染和烤坏楼板或顶棚。用钢筋板煨弯时，应防止损坏建筑物装饰面。

　　（2）排气扇的安装

　　a. 在墙上开洞，在洞内嵌放一个木框，木框内围尺寸与排气扇相同，木板厚度约 25mm。

　　b. 木框嵌入洞内固定好后，周围用水泥砂浆封好。水泥砂浆凝固后，即可将排气扇安装在木框上，如图 7-27 所示。

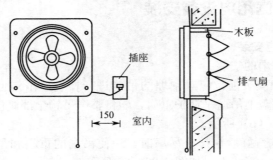

图 7-27　排气扇的安装

　　（3）排烟罩的安装

　　a. 将排烟罩左右进风口正对炉灶，使进风口距离炊具 650～800mm。在安装墙上记下排烟罩两个挂耳的位置，用电锤在固定挂环的墙上打两个直径为 8mm、深约 30mm 水平钻孔，将 8mm 的膨胀螺栓打入安装孔内。

b. 拧松机体两侧挂环螺栓，向上拉出挂环后将螺栓拧紧。

c. 把排烟罩的挂环挂入膨胀螺栓，调整排烟罩左右端至水平，并使排烟罩工作面与水平面成3°～5°的仰角（见图7-28），最后用扳手将膨胀螺栓螺母拧紧。

（4）浴霸的安装

① 浴霸安装位置的确定

a. 吊顶安装时，盥洗室做木质轻龙骨吊顶与屋顶的高度应略大于浴霸高度，且安装完毕后灯泡距离地面 2.1～2.3m。

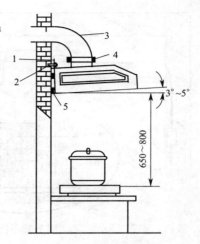

图 7-28　排烟罩的安装
1—挂耳；2—膨胀螺栓；3—排风管；
4—紧固夹；5—橡胶垫

b. 站立淋浴时，先确定人在卫生间站立淋浴的位置。面向淋浴的喷头，人体背部的后上方就是浴霸的安装位置。

c. 浴盆安装时，以浴盆为中心安装浴霸。

② 吊顶安装浴霸方法

a. 在安装木质轻龙骨时，在浴霸的安装位置安置木档，然后在模板上开孔，孔的大小为浴霸的大小。

b. 难燃管的暗装与软塑料管的安装方法相同。

c. 将浴霸电源线经过难燃管穿入接线盒内。

d. 将浴霸通风管与通风窗连接。

e. 将浴霸推入预留孔，并用螺钉固定。

f. 将接线盒内导线连接。

安装后的浴霸如图 7-29 所示。

7.2.2　防盗保安系统安装

（1）门磁开关的安装

通常把干簧管安装在门（或窗、柜、仪器外壳、抽屉等）框边

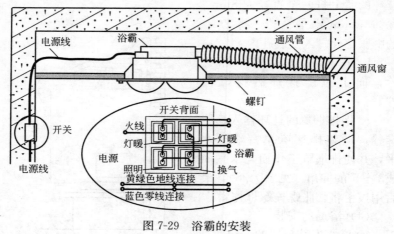

图 7-29　浴霸的安装

上，而把条形永久磁铁安装在门扇（或窗扇等）边上，如图 7-30 所示。

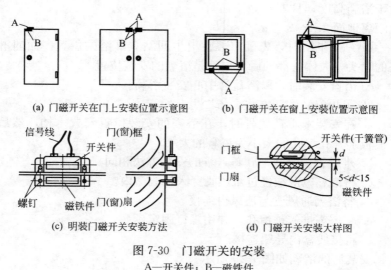

(a) 门磁开关在门上安装位置示意图　　(b) 门磁开关在窗上安装位置示意图

(c) 明装门磁开关安装方法　　(d) 门磁开关安装大样图

图 7-30　门磁开关的安装

A—开关件；B—磁铁件

安装门磁开关（磁控开关）时应注意以下几个问题：

a. 干簧管与磁铁之间的距离应按选购产品的要求正确安装。

如有些门磁开关控制距离一般只有 1～1.5cm，而某些产品控制距离可达几厘米。显然，控制距离越大对安装准确度的要求就越低。因此，应根据使用场合合理选用门磁开关。例如卷帘门上使用的门磁开关的控制距离至少为 4cm。

b. 一般普通门磁开关不宜在金属物体上直接安装。必须安装时，应采用钢门专用型门磁开关或改用微动开关及其他类型的开关。

c. 门磁开关的产品大致分为明装式（表面安装式）和暗装式（隐蔽安装式）两种，应根据防范部位的特点和防范要求加以选择。一般情况，特别是人员流动性较大的场合最好采用暗装，即把开关嵌装入门、窗框里，引出线也加以伪装，以免遭犯罪分子破坏。

（2）玻璃破碎探测器的安装

玻璃破碎探测器安装方法如图 7-31 所示。

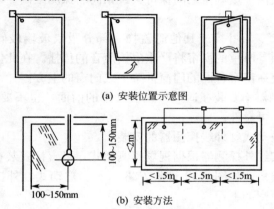

(a) 安装位置示意图

(b) 安装方法

图 7-31　玻璃破碎探测器的安装

安装玻璃破碎探测器时应注意以下几点：

a. 安装时，应将声电传感器正对着警戒的主要方向。传感器部分可适当加以隐蔽，但在其正面不应有遮挡物。也就是说，探测器对防护玻璃面必须有清晰的视线，以免影响声波的传播，降低探测的灵敏度。

b. 安装时要尽量靠近所要保护的玻璃，尽可能地远离噪声干扰源，以减少误报警。例如像尖锐的金属撞击声、铃声、汽笛的啸叫声等均可能会产生误报警。实际上，声控型玻璃破碎探测器对外界的干扰因素已做一定的考虑。只有当声强超过一定的阈值，频率处于带通放大器频带之内的声音信号才可以触发报警。显然，这就起到了抑制远处高频噪声源干扰的作用。

在实际应用中，探测器的灵敏度应调整到一个合适的值，一般以能探测到距离探测器最远的被保护玻璃即可。灵敏度过高或过低，都可能会产生误报或漏报。

c. 不同种类的玻璃破碎探测器，根据工作原理的不同，有的需要安装在窗框旁边（一般距离窗框 5cm 左右），有的可以安装在靠近玻璃附近的墙壁或天花板上，但要求玻璃与墙壁或天花板之间的夹角不得大于 90°，以免降低其探测力。

d. 也可以用一个玻璃破碎探测器安装在房间的天花板上，并应与几个被保护玻璃窗之间保持大致相同的探测距离，以使探测灵敏度均衡。

e. 窗帘、百叶窗或其他遮盖物会部分吸收玻璃破碎时发出的能量，特别是厚重的窗帘将严重阻挡声音的传播。在此情况下，探测器应安装在窗帘背面的门窗框架上或门窗的上方。

f. 探测器不要装在通风口或换气扇的前面，也不要靠近门铃，以确保工作可靠性。

（3）被动式红外线探测器的安装

被动式红外探测器根据视场探测模式，可直接安装在墙上、天花板上或墙角，如图 7-32 和图 7-33 所示。被动式红外探测器的布置和安装原则如下：

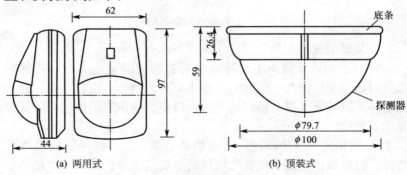

(a) 两用式 (b) 顶装式

图 7-32 被动式红外探测器安装尺寸

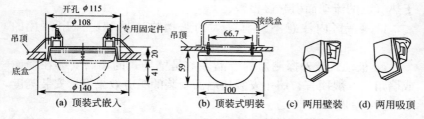

图 7-33　被动式红外探测器安装方法

　　a. 选择安装位置时，应使探测器具有最大的警戒范围，使可能的入侵者都能处于红外警戒的光束范围之内。

　　b. 要使入侵者的活动有利于横向穿越光束带区，这样可以提高探测灵敏度。因为探测器对横向切割（即垂直于）探测区方向的人体运动最敏感，故安装时应尽量利用这一特性达到最佳效果。

　　c. 布置时，要注意探测器的探测范围和水平视角。如图 7-34 所示，可以安装在顶棚上（也是横向切割方式），也可以安装在墙面或墙角，但要注意探测器的窗口（透镜）与警戒的相对角度，防止出现"死角"。

　　d. 被动式红外探测器永远不能安装在某些热源（如暖气片、加热器、热管道等）的上方或其附近，否则会产生误报警。

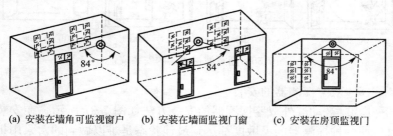

(a) 安装在墙角可监视窗户　(b) 安装在墙面监视门窗　(c) 安装在房顶监视门

图 7-34　被动式红外探测器安装位置

　　警戒区内最好不要有空调或热源，如果无法避免热源，则应与热源保持至少 1.5m 以上的间隔距离。

　　e. 为了防止误报警，不应将被动式红外探测器的探头对准任何温度会快速改变的物体，诸如电加热器、火炉、暖气、空调器的出风口、白炽灯等强光源以及受到阳光直射的门窗等热源，以免由于热气流的流动而引起误报警。

f. 警戒区内注意不要有高大的遮挡物遮挡和电风扇叶片的干扰。

g. 被动式红外探测器的产品多数是壁挂式的，需安装在墙面或墙角。一般而言，墙角安装比墙面安装的感应效果好。安装高度通常为 2~2.5m。

（4）超声波探测器的安装

安装超声波探测器要注意使发射角对准入侵者最可能进入的场所，这样可提高探测的灵敏度。当入侵者向着或背着超声波收、发机的方向行走时，可使超声波产生较大的多普勒频移。使用超声波探测器，不能有过多的门窗，且均需关闭。收、发机不应靠近空调器、排风扇、风机、暖气等，即要避开通风的设备和气体的流动。由于超声波对物体没有穿透性能，因此要避免室内的家具挡住超声波而形成探测盲区。超声波探测器的安装位置如图 7-35 所示，安装方法如图 7-36 所示。

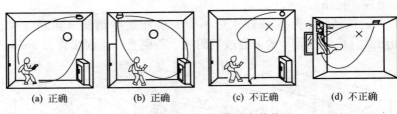

(a) 正确　　　(b) 正确　　　(c) 不正确　　　(d) 不正确

图 7-35　超声波探测器的安装位置

（5）双鉴探测器的安装

微波/被动红外双鉴探测器的安装方法如图 7-37 所示。在安装时要使两种探测器的灵敏度都达到最佳状态是难以做到的。采用折中的办法，使两种探测器的灵敏度在防范区内尽可能保持均衡即可。例如，被动红外探测器对横向切割探测区的人体最敏感，而微波探测器则对轴向（或径向）移动的物体最敏感。在安装时就应使探测区正前方的轴向方向与入侵者最有可能穿越的主要方向成为 45°角左右，以便使两种探测器均能处于较灵敏的状态。

（6）门禁系统的安装

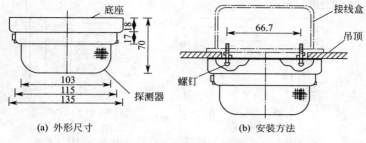

(a) 外形尺寸   (b) 安装方法

图 7-36　超声波探测器的外形尺寸和安装方法

① 管路和线缆的敷设

a. 应符合设计图样的要求及有关标准和规范的规定；有隐蔽工程的，应办隐蔽验收。

b. 线缆回路应进行绝缘测试并有记录，绝缘电阻大于 20MΩ。

c. 地线、电源线应按规定连接；电源线与信号线应分槽（或管）敷设，以防干扰；采用联合接地时，接地电阻小于 1Ω。

② 读卡机（如 IC 卡机、磁卡机、出票读卡机、验卡票机）的安装

a. 应安装在平整、坚固的水泥墩上，保持水平，不能倾斜。

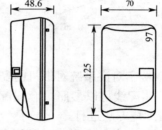

(a) FA-1W型尺寸   (b) F-3型尺寸

(c) 挂壁安装   (d) 吸顶安装

图 7-37　微波/被动红外
双鉴探测器的安装

b. 一般安装在室内，安装在室外时应考虑防水措施及防撞措施。

c. 读卡机与闸门机安装的中心间距一般为 2.4～2.8m。

d. 磁卡门禁机的安装如图 7-38 所示，各安装尺寸见图中标注。

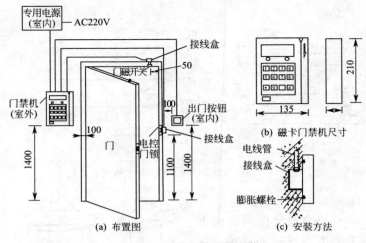

图 7-38 磁卡门禁机的安装

③ 楼宇对讲系统对讲机的安装

a. 明配线可以参照护套线配线方法进行，暗配线可以参照塑料管暗配线方法进行。

b. 对讲户内机明装时可用塑料胀管固定，暗装时直接固定在八角盒上，如图 7-39 所示。

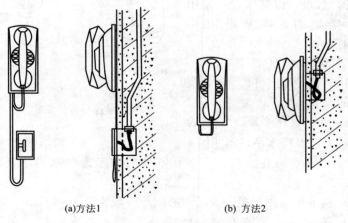

(a)方法1   (b) 方法2

图 7-39 对讲户内机的安装

c. 对讲户外机无论明装还是暗装都直接固定在八角盒上，如图 7-40 所示。

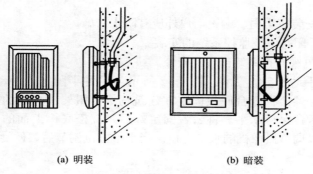

(a) 明装　　　　　　　　(b) 暗装

图 7-40　对讲户外机的安装

d. 对讲机安装高度为 1.3～1.5m。

e. 室外对讲门口主机安装时，主机与墙之间为防雨水进入，要用玻璃胶堵缝隙。

（7）巡更保安系统的安装

a. 有线式电子巡更系统安装应在土建施工时同步进行，如图 7-41所示。每个电子巡更站点需穿 RVS 4×0.75mm^2（或 RVV）4×0.75mm^{2}铜芯塑料线。

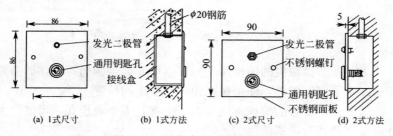

(a) 1式尺寸　　　(b) 1式方法　　　(c) 2式尺寸　　　(d) 2式方法

图 7-41　固定式巡更站安装方法

无线式电子巡更系统不需穿管布线，系统设置灵活方便。每个电子巡更站点设置一个信息钮，信息钮应有唯一的地址信息。

设有门禁系统的安防系统，一般可用门禁读卡器用作电子巡更站点。

b. 有线巡更信息或无线巡更信息钮，应按设计要求安装在各出入口主要通道或其他需用巡更的站点上，其高度离地面在1.3～1.5m处。

c. 安装应牢固、端正，户外应有防水措施。

(8) 闭路电视监控系统的安装

① 电视监控系统云台的安装。

a. 手动云台的安装。图7-42所示为一种半固定式手动云台。采用四个螺栓将云台底板固定在建筑物梁、屋架或自制的钢支架上，使云台保持水平。将云台固定好后，旋松底板上面的三个螺母，可以调节摄像机的水平方位。当水平方位调节后，便旋紧三个固定螺母。

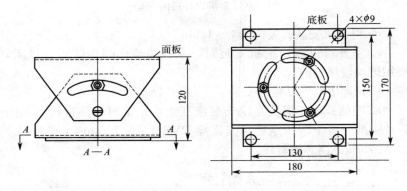

图7-42　YTB-Ⅰ型半固定云台安装尺寸

为了调节摄像机的俯仰角度，可以松开云台侧面螺母，调节完毕后即旋紧侧面螺母，使摄像机固定在要求的位置上。

这种手动云台的摄像机固定面板上有若干个固定孔，可以供多种摄像机及其防护罩使用。

手动云台除了半固定式以外还有悬挂式手动云台和横臂式手动云台。这两种云台的特点是将手动云台与悬吊支架、壁装支架制作成为一体化产品，安装简单，使用方便，特别适用于轻型监视用固定摄像机的安装。

几种手动云台的安装与应用如图7-43所示。悬挂式手动云台主要安装在顶棚上，但必须固定在顶棚上面的承重主龙骨上，也可安装在平台上，如图7-43(a) 所示。横臂式手动云台则安装在垂直的柱、墙面上，如图7-43(b) 所示。半固定式手动云台安装于平台或凸台上，如图7-43(c) 所示。

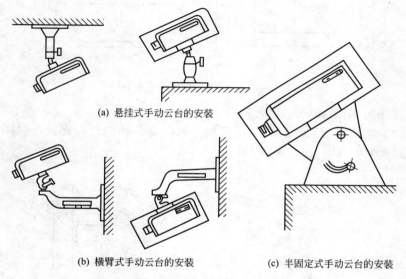

(a) 悬挂式手动云台的安装

(b) 横臂式手动云台的安装　　　　　(c) 半固定式手动云台的安装

图 7-43　手动云台的安装

b. 电动云台的安装。电动云台分为室内和室外两种类型。图7-44所示为 YT-Ⅰ型室内电动云台，用它可以带动摄像机寻找固定目标或活动目标，具有转动灵活、平稳的特点。它可以水平旋转320°，垂直旋转±45°，可以直接将摄像机安装在云台上或通过摄像机的防护罩再安装摄像机。

② 电视监控系统摄像机的安装

安装前，建筑物内的土建、装修工程应已结束，各专业设备安装基本完毕，系统的其他项目均已施工完毕后，在安全、整洁的环境条件下方可安装摄像机。

a. 室内吊顶安装时，应在吊顶上开孔。如果摄像头质量较重，应设置附加龙骨，如图7-45(a) 所示。

b. 壁装时应制作安装支架，支架采用膨胀螺栓固定，如图7-

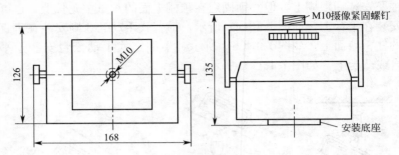

图 7-44 YT-Ⅰ型室内电动云台安装尺寸

45(b)、图 7-45(c) 所示。

　　c. 室外支架安装应制作混凝土基础，并预埋地脚螺栓，以固定支架，如图 7-45(d) 所示。

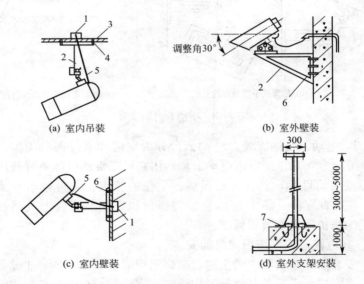

(a) 室内吊装　　　　　(b) 室外壁装

(c) 室内壁装　　　　　(d) 室外支架安装

图 7-45　摄像头的安装

1—接线盒；2—支架；3—吊顶；4—螺钉；5—电缆；6—膨胀螺栓；7—预埋螺栓

　　摄像机的安装应注意以下各点：

　　a. 安装前摄像机应逐一接电进行检测和调整，使摄像机处于正常工作状态。

b. 检查云台的水平、垂直转动角度和定值控制是否正常，并根据设计要求整定云台转动起点和方向。

c. 从摄像机引出的电缆应至少留有 1m 的余量，以利于摄像机的转动。不得利用电缆插头和电源插头承受电缆的重量。

d. 摄像机宜安装在监视目标附近不易受到外界损伤的地方，室内安装高度以 2.5~5m 为宜，室外安装高度以 3.5~10m 为宜。电梯轿厢内的摄像机应安装在轿厢的顶部。摄像机的光轴与电梯轿厢的两个面壁成 45°角，并且与轿厢顶棚成 45°俯角为适宜。

e. 摄像机镜头应避免强光直射，应避免逆光安装。若必须逆光安装，应选择将监视区的光对比度控制在最低限度范围内。

f. 在高温多尘的场合，对目标实行远距离监视控制和集中调度的摄像机，要加装风冷防尘保护设施。

③ 有线电视高频插头与电缆的装配

按图 7-46 所示步骤的长度量好后，切除多余的护套、屏蔽层、绝缘层，然后按图所示步骤将插头依次装入，最后用钳子将扎头扎紧。

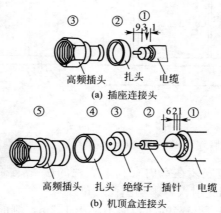

图 7-46 高频插头与电缆的装配方法

④ 电视监控系统机柜的安装

在监控室装修完成且电源线、接地线、各视频电缆、控制电缆敷设完毕，方可将机柜及监控台运入安装。

a. 机柜的底座应与地面固定。

b. 机柜安装应竖直平稳，垂直偏差不得超过1%。

c. 几个机柜并排在一起时，面板应在同一平面上并与基准线平行，前后偏差不得大于3mm，两个机柜中间缝隙不大于3mm。

d. 对于相互有一定间隔而排成一列的设备，其面板前后偏差不大于5mm。

⑤ 电视监控系统监控台的安装

为了监视方便，通常将监视器、视频切换器、控制器等组装在一个监控台上。这种监控台通常设置在控制室内。有的监控台还设有录像机、打印机、数码显示器和报警器等，其安装如图7-47所示。

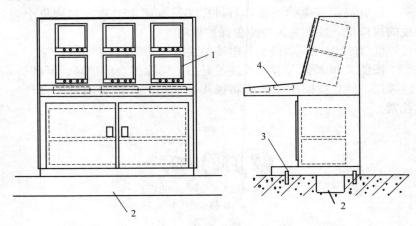

图 7-47　监控台的安装

1—监视器；2—电缆沟；3—膨胀螺栓；4—控制键盘

a. 监控台应安装在室内有利于监视的位置，要使监视器不面向窗户，以免阳光射入，影响图像质量。

b. 监控柜正面与墙的净距应不小于1.2m，侧面与墙或其他设备的净距在主要走道不小于1.5m，次要走道不小于0.8m。

c. 监控柜背面和侧面距离墙的净距不小于0.8m。

d. 监控柜内的电缆理直后应成捆绑扎，在电缆两端留适当余量，并标示明显的永久性标记。

第**8**章

⚡ 电能的测量

8.1 电压、电流的测量

8.1.1 电流的测量

（1）电流表的基本电路

电流表的基本电路如图 8-1 所示。

电流表使用注意事项如下：

a. 仪表必须与负载串联。

b. 直流测量时注意仪表的极性。

（2）电流表量程的扩大

① 使用分流器

使用分流器扩大电流表量程的电路如图 8-2 所示。

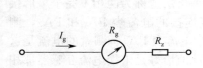

图 8-1　电流表的基本电路

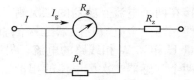

图 8-2　使用分流器扩大电流表量程

注意事项如下：

a. 带有分流器的仪表应用配套的定值导线连接仪表与分流器端钮。

b. 负载的电流等于仪表电流与分流器电流之和。

② 使用互感器

使用互感器扩大电流表量程的电路如图 8-3 所示。

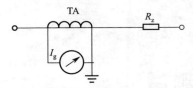

图 8-3 使用互感器扩大电流表量程

实际数值是把二次绕组中通过的电流值乘以电流互感器的电流比，即为电路中的实际电流。例如使用 300/5 互感器，若图 8-3 中实际测出通过电流表表头的电流为 2.5A，其反映一次系统中通过的电流值即为 2.5×300/5＝150A。

注意事项如下：

a. 电流互感器的二次绕组和铁芯都要可靠接地。

b. 二次回路绝对不允许开路和安装熔断器。

（3）三相交流电流的测量

图 8-3 为使用一组电流互感器测量一相交流回路电流电路。可以说是在三相交流回路任意一相线路中安装一个电流互感器，电流表串接在电流互感器的二次侧，利用电流互感器测量这一相电流。这种接线方式适用于三相平衡电路。

图 8-4(a) 所示为两组电流互感器 V 形接线测量电路。在两相电路中接有两个电流互感器，组成 V 形接线。三个电流表分别串接在两个电流互感器的二次侧。这种接法也称为两相不完全星形接线。与两个电流互感器二次侧直接连接的电流表 PA$_1$ 和 PA$_2$，测量 U 相和 W 相线路的电流；另一个电流表 PA$_3$ 所测量的电流是这两个互感器二次侧电流的相量和，此值恰好是未接电流互感器那相（即图中的 V 相）的二次电流。这样，只使用两个电流互感器和三个电流表就可分别测量出三相电流。

图 8-4(b) 所示为利用三个电流互感器和三个电流表测量电路。这种接法也称为三相星形接线。三个电流表分别与三个电流互感器的二次侧连接，分别测量三相电流。

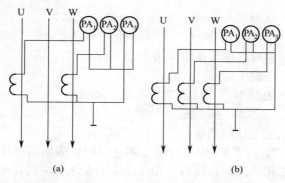

图 8-4 利用电流互感器测量三相电流的接线图

8.1.2 电压的测量

（1）电压表的基本电路

电压表的基本电路如图 8-5 所示。

注意事项如下：

a. 仪表与负载并联。

b. 注意仪表量程和极性。

（2）电压表量程的扩大

① 使用分压器

使用分压器扩大电压表量程的电路如图 8-6 所示。

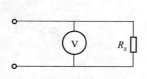

图 8-5 电压表的基本电路

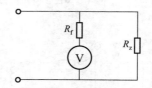

图 8-6 使用分压器扩大电压表的量程

使用分压器时负载的电压等于仪表电压与分压器电压之和。

② 使用互感器

使用互感器扩大电压表量程的电路如图 8-7 所示。

实际数值是把二次绕组中测量的电压

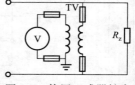

图 8-7 使用互感器扩大电压表的量程

值乘以电压互感器的电压比，即为电路中的实际电压。例如使用 6000/100 互感器，若图 8-7 中实际测出电压表的电压为 95V，其反映一次系统中通过的电压值即为 $95 \times 6000/100 = 5700V$。

注意事项如下：

a. 电压互感器的二次侧绝对不允许短路。

b. 一、二次侧均必须接熔断器。

（3）三相电压的测量

图 8-7 为使用一个电压互感器测量一相交流回路电压电路。可以说是在三相交流回路任意一相线路中安装一个电压互感器，电压表并接在电压互感器的二次侧，利用电压互感器测量这一相电压。这种接线方式适用于三相平衡电路。

图 8-8(a) 所示为两个单相电压互感器的 V/V 接线，能测量相间线电压，但不能测量相电压。电压表 V_1、V_2、V_3 分别测量的是 U_{UV}、U_{VW} 和 U_{UW} 线电压。

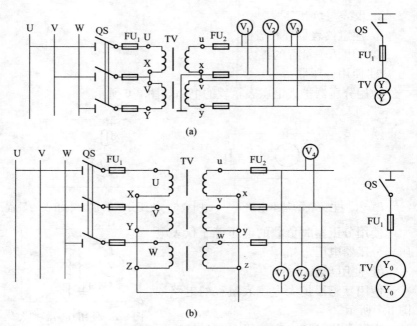

图 8-8　电压互感器的接线图

图 8-8(b) 所示为三个单相电压互感器接成 Y_0/Y_0 接线。此类接线可以很方便地测量出线电压和相电压。电压表 V_1、V_2、V_3 分别测量的是 U、V 和 W 相电压值，而电压表 V_4 测量的是 U_{UV} 线电压。

8.2 功率的测量

8.2.1 功率表测量的基本电路

功率表的基本电路图如图 8-9 所示。

图 8-9 功率表头中粗实线表示电流线圈，垂直的细线表示电压线圈。电压线圈和电流线圈上各有一端标有 "＊" 号称为电源端钮，表示电流从这一端钮流入线圈。

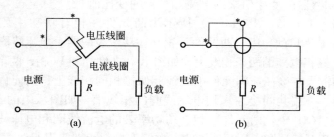

图 8-9 功率表的接线和符号

电压线圈的 "＊" 号电源端钮或与电流线圈电源端连接 [前接法，见图 8-10(a)]，或与电流线圈负载端连接 [后接法，见图 8-10(b)]，这应该根据负载电阻的大小和功率表的参数确定。如果

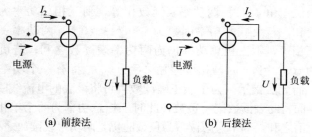

图 8-10 单相功率表的接线原理图

负载电阻比功率表电流线圈电阻大得多，可实行前接法；如果负载电阻比功率表电压支路电阻小得多，可实行后接法。在实际测量中，如果功率表接线正确，而指针反向，这表明功率输送方向与预期的相反，此时将电流回路端钮换接即能正常。

8.2.2　三相有功功率的测量

图 8-11（a）、图 8-11（b）所示为使用一个元件测量有功功率电路。在图 8-11（a）中，单相有功功率表的电流线圈和电压线圈分别与单相电路串联和并联，图示中的 L 和 N 分别为相线和零线，虚线框内为功率表整体（以下同）。读数时可直接通过有功功率表指示进行读取即可。在图 8-11（b）中，有功功率表的电流线圈和电压线圈分别与三相电路中的电流互感器和电压互感器的二次侧相连接。实际测量时，把功率表的读数乘以 3，再乘以该回路倍率值（电压互感器的变比值乘以电流互感器的变比值）。

图 8-11（c）、图 8-11（d）所示为两元件三相有功功率测量电路。在图 8-11（c）中，两元件三相有功功率表的两个电流线圈任意串联在三相电路的两条相线上，如图示中的 U 相和 W 相；两个电压线圈的输入端接在与同元件电流线圈所接相同相线上；两元件电压线圈的另一端共同接在未接电流线圈的相线上，如图示中的 V 相。在图 8-11（d）中，两元件三相有功功率表的电流线圈和电压线圈分别与电流互感器和电压互感器的二次侧连接，特别要引起注意的是，虽然测量元件的电压线圈接在电压互感器二次侧，而同一个测量元件的电流线圈接在电流互感器的二次侧，但它们仍然是同相位的。

采用两个单相功率表测量三相三线有功功率，要注意两个单相功率表的读数与不同负载功率因数之间有下列关系，即负载为纯电阻性，相位差角 $\phi=0$，两功率表读数相等，则三相总功率为两功率表读数之和；若负载的功率因数为 $1>\cos\phi>0.5$，两功率表都有读数，但不相等，则三相总功率仍为两功率表读数之和；若负载的功率因数为 $\cos\phi=0.5$ 时，相位差角 $\phi=\pm60°$，将有一个功率表的指针反转，而无法指示。为了能正确读数，可将该表的电流线圈两个端钮对换，而将此表读数记为负数，此时三相总功率为两个单相功率表读数绝对值之和，即不考虑读数为负数时仍是两功率表读数之和。

图 8-11（e）～图 8-11（g）所示为三元件三相有功功率表测量

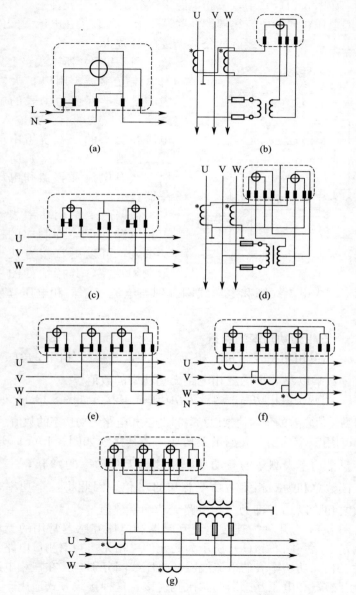

图 8-11　有功功率测量电路的几种接线方式

电路。在图 8-11(e) 中，三相电源进线分别接在三元件三相有功功率表的电压线圈和电流线圈的并联端子上，负载接在电流线圈的输出端子上，三相电压线圈的公共端接在 N 线上。

图 8-11(f) 所示线路上只接有电流互感器，用以扩大功率表的量程，有功功率表的电流线圈和电压线圈有公共输入端，电流互感器的二次绕组不能接零或接地。图 8-11(g) 所示线路中接有电流互感器和电压互感器。

根据两个单相功率表测量三相电路功率原理制成的三相功率表，可以更直接方便地测量三相功率，其接线如图 8-12

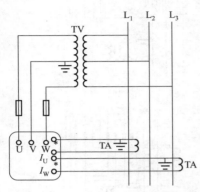

图 8-12　三相功率表的接线原理图

所示。图中电流线圈和电压线圈分别与电流互感器和电压互感器相接。

8.2.3　三相无功功率的测量

a. 用单相功率表测量三相无功功率，其接线如图 8-13(a) 所示。读数乘以 $\sqrt{3}$，即为三相电路无功功率的数值。

b. 用两个单相功率表测量无功功率，其接线如图 8-13(b) 所示。两表测量值之差的绝对值乘以 $\sqrt{3}$，即为三相电路无功功率的数值。

c. 用三个单功率表测量无功功率，其接线如图 8-13(c) 所示。由于每个功率表测量的有功功率是该相无功功率的 $\sqrt{3}$ 倍，三个功率表读数总和为三相无功功率总和的 $\sqrt{3}$ 倍，因此将三个功率表的读数之和除以 $\sqrt{3}$，即为三相电路无功功率数值。

图 8-14 为几种需连接电流互感器和电压互感器常用的无功功率测量电路。图 8-14(a) 所示为两元件三相无功功率测量电路。两元件三相无功功率表的电流线圈和电压线圈分别与接在三相电路中电流互感器和电压互感器的二次侧连接。这种接线方式适用于高电压大电流的三相平衡电路的无功功率测量。

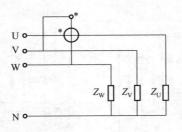

(a) 用一个单相功率表测量

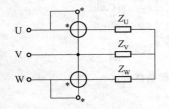

(b) 用两个单相功率表测量

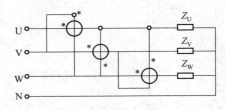

(c) 用三个单相功率表测量

图 8-13　测量无功功率表的接线

　　图 8-14(b)、图 8-14(c) 所示为三元件三相无功功率测量电路，但分别接有两个、三个电流互感器，分别适用高电压大电流的三相平衡、不平衡电路中测量无功功率。

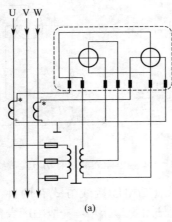

(a)

图 8-14

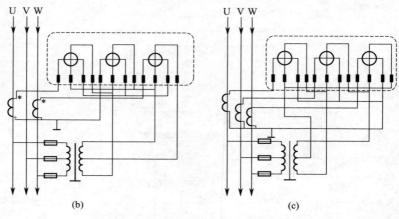

(b)　　　　　　　　　　　　　　　　　　　(c)

图 8-14　几种常用无功功率测量电路

8.3 电能的测量

8.3.1 电能表测量的基本电路

图 8-15 所示为单相电能表测量有功电能接线图。在 380/220V 及以下小电流电路中，用单相表直接接在电路上计量有功电能。

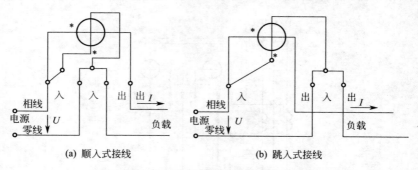

(a) 顺入式接线　　　　　　　　　　　(b) 跳入式接线

图 8-15　单相电能表测量有功电能接线图

单相电能表测量有功电能接线方式有两种，即顺入式 [见图 8-15(a)] 和跳入式 [见图 8-15(b)]，一般国产表多采用跳入式接线。单相表直接接入电路，要特别注意其相线与零线绝不能对调，即电能表中的输入端钮不能接在零线上，同样其输出端钮也不能接在相线上，否则容易造成触电及漏计的后果。

如果负载电流超过电能表的额定电流，电能表的电流线圈必须经电流互感器后接入电路。此时要注意，电能表的电流线圈通过的电流是电流互感器二次电流，因此应变换到一次电流，即电能表的读数应乘以电流互感器电流比后才是实际消耗的值，如图 8-16 所示。

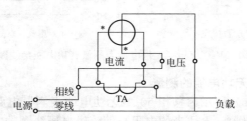

图 8-16　经电流互感器接入电路的单相电能表接线图

8.3.2　三相有功电能的测量

在三相三线电路中，无论三相电压、电流是否对称，一般多采用三相两元件表计量有功，其接线如图 8-17 所示。

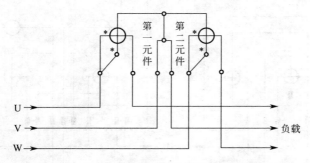

图 8-17　三相两元件电能表测量有功电能接线图

在三相四线电路电路中，采用三相三元件表计量比较方便，三个表读数之和即为三相有功实际数值，其接线如图 8-18 所示。图 8-18（b）为需测量大电流负载回路，而经电流互感器接入。

在负载对称的三相四线电路中，可以用一个单相表计量任意一相消耗的，然后乘以 3，即为三相有功实际数值。

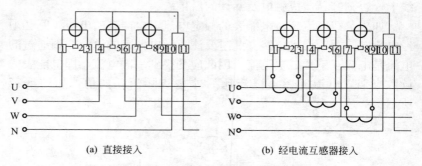

(a) 直接接入 (b) 经电流互感器接入

图 8-18　三相三元件电能表测量有功电能接线图

8.3.3　三相无功电能的测量

图 8-19(a) 所示为移相 60°型无功电能表测量电路。无功电能表的电压线圈中串入适当的电阻，使流过电压线圈的电流与电压成 60°的相位差，适用于测量三相三线制电路的无功电量。图 8-19(b) 所示为两元件三相无功电能表测量电路，适用于三相三线制或不平衡电路的无功电量测量。

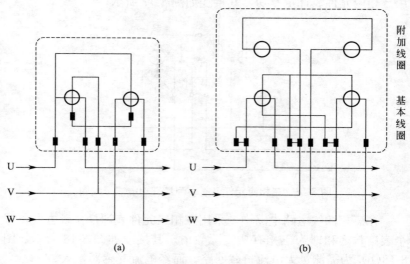

(a) (b)

图 8-19　无功电能测量电路

用三相无功表测量三相无功很方便。另外在实际应用中，为了同时测量有功和无功，往往采用联合接线。由于是测量高压回路，故联合接线中使用了电压互感器和电流互感器，其接线如图 8-20所示。

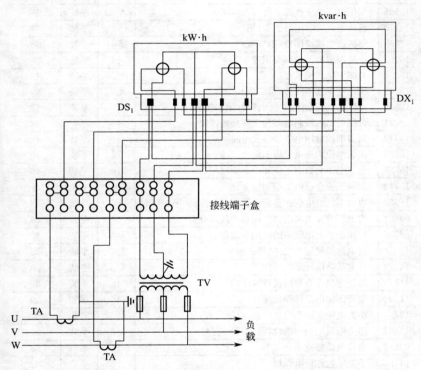

图 8-20　三相两元件有功、无功电能表的联合接线

化学工业出版社电气类图书推荐

书号	书　名	开本	装订	定价/元
19148	电气工程师手册(供配电)	16	平装	198
06669	电气图形符号文字符号便查手册	大32	平装	45
10561	常用电机绕组检修手册	16	平装	98
10565	实用电工电子查算手册	大32	平装	59
16475	低压电气控制电路图册(第二版)	16	平装	48
12759	电机绕组接线图册(第二版)	横16	平装	68
13422	电机绕组图的绘制与识读	16	平装	38
15058	看图学电动机维修	大32	平装	28
15249	实用电工技术问答(第二版)	大32	平装	49
12806	工厂电气控制电路实例详解(第二版)	16	平装	38
08271	低压电动机控制电路与实际接线详解	16	平装	38
15342	图表细说常用电工器件及电路	16	平装	48
15827	图表细说物业电工应知应会	16	平装	49
15753	图表细说装修电工应知应会	16	平装	48
15712	图表细说企业电工应知应会	16	平装	49
16559	电力系统继电保护整定计算原理与算例(第二版)	B5	平装	38
09682	发电厂及变电站的二次回路与故障分析	B5	平装	29
08596	实用小型发电设备的使用与维修	大32	平装	29
11454	蓄电池的使用与维护(第二版)	大32	平装	28
11271	住宅装修电气安装要诀	大32	平装	29
11575	智能建筑综合布线设计及应用	16	平装	39
11934	全程图解电工操作技能	16	平装	39
12759	电力电缆头制作与故障测寻(第二版)	大32	平装	29.8
13862	电力电缆选型与敷设(第二版)	大32	平装	29
09381	电焊机维修技术	16	平装	38
14184	手把手教你修电焊机	16	平装	39.8
13555	电机检修速查手册(第二版)	B5	平装	88
20023	电工安全要诀	大32	平装	23
20005	电工技能要诀	大32	平装	28
14807	农村电工速查速算手册	大32	平装	49
13723	电气二次回路识图	B5	平装	29
14725	电气设备倒闸操作与事故处理700问	大32	平装	48
15374	柴油发电机组实用技术技能	16	平装	78
15431	中小型变压器使用与维护手册	B5	精装	88
16590	常用电气控制电路300例(第二版)	16	平装	48
15985	电力拖动自动控制系统	16	平装	39

书号	书 名	开本	装订	定价/元
15777	高低压电器维修技术手册	大 32	精装	98
18334	实用继电保护及二次回路速查速算手册	大 32	精装	98
15836	实用输配电速查速算手册	大 32	精装	58
16031	实用电动机速查速算手册	大 32	精装	78
16346	实用高低压电器速查速算手册	大 32	精装	68
16450	实用变压器速查速算手册	大 32	精装	58
17943	实用变频器、软启动器及 PLC 实用技术手册	大 32	精装	68
16883	实用电工材料速查手册	大 32	精装	78
17228	实用水泵、风机和起重机速查速算手册	大 32	精装	58
18545	图表轻松学电工丛书——电工基本技能	16	平装	49
18200	图表轻松学电工丛书——变压器使用与维修	16	平装	48
18052	图表轻松学电工丛书——电动机使用与维修	16	平装	48
18198	图表轻松学电工丛书——低压电器使用与维护	16	平装	48
18786	让单片机更好玩:零基础学用 51 单片机	16	平装	88
18943	电气安全技术及事故案例分析	大 32	平装	58
18450	电动机控制电路识图一看就懂	16	平装	59
16151	实用电工技术问答详解(上册)	大 32	平装	58
16802	实用电工技术问答详解(下册)	大 32	平装	48
17469	学会电工技术就这么容易	大 32	平装	29
17468	学会电工识图就这么容易	大 32	平装	29
15314	维修电工操作技能手册	大 32	平装	49
17706	维修电工技师手册	大 32	平装	58
16804	低压电器与电气控制技术问答	大 32	平装	39
20806	电机与变压器维修技术问答	大 32	平膜	39
19801	图解家装电工技能 100 例	16	平装	39
19532	图解维修电工技能 100 例	16	平装	48
20463	图解电工安装技能 100 例	16	平装	48
20970	图解水电工技能 100 例	16	平装	48
20024	电机绕组布线接线彩色图册(第二版)	大 32	平装	68
20239	电气设备选择与计算实例	16	平装	48
19710	电机修理计算与应用	大 32	平装	68
20628	电气设备故障诊断与维修手册	16	精装	88
21760	电气工程制图与识图	16	平装	49
21875	西门子 S7-300PLC 编程入门及工程实践	16	平装	58
22213	家电维修快捷入门	16	平装	49
20377	小家电维修快捷入门	B5	平装	48

续表

书号	书　　名	开本	装订	定价/元
21527	实用电工速查速算手册	大32	精装	178
21727	节约用电实用技术手册	大32	精装	148
23328	电工必备数据大全	16	平装	78
23556	怎样看懂电气图	16	平装	39
23469	电工控制电路图集(精华本)	16	平装	88
24169	电子电路图集(精华本)	16	平装	88
24073	中小型电机修理手册	16	平装	148

以上图书由化学工业出版社 电气出版分社出版。如要以上图书的内容简介和详细目录，或者更多的专业图书信息，请登录www. cip. com. cn。

地址：北京市东城区青年湖南街13号 （100011）

购书咨询：010-64518888

如要出版新著，请与编辑联系。

编辑电话：010-64519265

投稿邮箱：gmr9825@163. com